21世纪高等学校规划教材 | 计算机应用

面向对象技术与 Visual C++（第2版）

甘玲 邱劲 编著

清华大学出版社
北京

内 容 简 介

本书结合 C++语言系统地介绍了面向对象技术的基本知识及其应用。本书以 C++面向对象为基础，与 Visual C++应用融会贯通，为读者构架了一个完整的体系。本书共分三部分。第一部分包括第 1、2 章，是基础部分，主要介绍面向对象技术的基本概念和基本特征、C++对 C 语言基础的扩展，说明 C++与 C 语言基础的不同；第二部分包括第 3～8 章，是核心部分，主要介绍 C++面向对象技术，围绕抽象性、封装性、继承性、多态性四大特征由浅入深展开；第三部分包括第 9～14 章，是 C++应用部分，主要介绍在 Visual C++平台下基于 MFC 的 Windows 应用程序开发方法。

本书内容全面、层次清晰、例题丰富、实用性强，是作者总结多年的教学实践经验编写而成，适合作为大学程序设计课程的教材，也可供 C++初学者自学和从业人员参考。

图书在版编目（CIP）数据

面向对象技术与 Visual C++ /甘玲，邱劲编著. —2 版. —北京：清华大学出版社，2019
（21 世纪高等学校规划教材·计算机应用）
ISBN 978-7-302-53286-6

Ⅰ.①面…　Ⅱ.①甘…②邱…　Ⅲ.①C++ 语言－程序设计－高等学校－教材　Ⅳ.①TP312.8

中国版本图书馆 CIP 数据核字（2019）第 138167 号

责任编辑：付弘宇　张爱华
封面设计：傅瑞学
责任校对：梁　毅
责任印制：丛怀宇

出版发行：清华大学出版社
　　网　　址：http://www.tup.com.cn，http://www.wqbook.com
　　地　　址：北京清华大学学研大厦 A 座　　　　邮　　编：100084
　　社　总　机：010-62770175　　　　　　　　　邮　　购：010-62786544
　　投稿与读者服务：010-62776969，c-service@tup.tsinghua.edu.cn
　　质量反馈：010-62772015，zhiliang@tup.tsinghua.edu.cn
　　课件下载：http://www.tup.com.cn，010-62795954
印　装　者：三河市宏图印务有限公司
经　　销：全国新华书店
开　　本：185mm×260mm　　印　张：17.25　　　　字　　数：422 千字
版　　次：2004 年 7 月第 1 版　2019 年 11 月第 2 版　　印　　次：2019 年 11 月第 1 次印刷
印　　数：1～1500
定　　价：49.00 元

产品编号：045835-01

序

　　高级程序设计语言是高等院校计算机科学与技术专业及相关专业的一门重要基础课。培养学生具有良好的程序设计素养和熟练地从事程序设计的能力是专业培养的重要任务。同时，掌握高级语言程序设计也是学生成功创新的基本功。

　　C语言具有可移植性强、适用性广等特点，是最受欢迎的一种通用程序设计语言。进入20世纪90年代以来，面向对象程序设计技术成为现代软件开发的最新潮流。C++是C语言的扩充和超集。C++支持面向对象的程序设计，具有类、封装、继承和多态性等语言机制，极大地提高了语言的扩充性、复用性和灵活性。随着Windows操作系统成为微机操作系统的主流，Visual C++成为开发基于Windows的应用程序的主流平台。

　　本书将C++面向对象与Visual C++的Windows编程技术有机地结合在一起，全面介绍了C++及其应用。书中第一部分简单介绍面向对象技术的基本概念和基本特征、C++对C语言基础的扩展；第二部分介绍C++面向对象技术，通过翔实的示例，由浅入深地介绍C++语言的类及抽象性、封装性、继承性和多态性等特征；第三部分在前两部分的基础上，介绍在Visual C++平台下基于MFC的Windows应用程序的开发方法，这部分内容不包括所有的Visual C++特性，而是通过丰富的实例和详细的步骤，介绍基于MFC的Windows应用程序的设计，为读者全面掌握Windows应用程序的设计打下基础。

　　本书构思新颖，符合当今计算机科学的发展趋势，并注重内容的科学性、先进性、适应性和针对性；语言简明，表达清晰，图文并茂，强化应用，循序渐进，深入浅出，可读性好，便于教学和自学。相信本书的出版对高等院校计算机科学与技术专业以及相关专业做好面向对象程序设计的教学工作有重要意义；同时，本书也适合C++初学者自学使用。

邱玉辉（原西南师范大学校长）

2019 年 2 月

前　言

从 20 世纪 60 年代提出面向对象概念至今,面向对象技术已发展成为一种比较成熟的编程思想,并且逐步成为目前软件开发领域的主流技术。这种技术从根本上改变了人们以往设计软件的思维方式,它集抽象性、封装性、继承性和多态性于一体,实现了代码重用和代码扩充,极大地减少了软件开发的繁杂性,提高了软件开发效率。C++为面向对象技术提供全面支持,是一个可编写高质量的用户自定义类型库的工具,也是最常用的面向对象程序设计语言。其核心应用领域是最广泛意义上的系统程序设计。此外,C++还被成功地用到许多无法称为系统程序设计的应用领域。从最摩登的小型计算机到最大的超级计算机,几乎所有操作系统上都有 C++的实现。同时,理解和掌握 C++语言,都离不开面向对象技术的指导,因此,通常结合 C++介绍面向对象技术的原理和方法。

高等院校计算机科学与技术及相关专业大都开设了该课程,其目的是让学生掌握面向对象程序设计的概念和方法,深刻理解面向对象程序设计的本质,并用面向对象技术来编写程序、开发软件。为了给广大学生提供一种内容全面的教材,作者编写了《面向对象技术与 Visual C++》。教材自出版以来受到了广大师生的好评,被全国近百所高校师生选用。但是,在反复的教学实践中作者产生了新的经验体会,参考了国内外新的资料,同时,根据用书单位的师生们提出的很多宝贵意见和建议,作者对部分章节进行了调整。经过 10 多年的改进,最终形成了《面向对象技术与 Visual C++(第 2 版)》。本书将 C++面向对象知识与 Visual C++融会贯通,是一本内容全面的教材,便于大学生学习、研究生参考以及读者自学。

全书共 14 章,分为三部分:第一部分(第 1、2 章)是 C++语言基础部分,这部分从总体上介绍面向对象技术的基本概念和基本特征,以及 C++对 C 语言基础的扩展,说明 C++与 C 语言的不同之处;第二部分(第 3~8 章)是 C++面向对象技术部分,是本书的核心,强调面向对象技术的原理,这部分以面向对象技术的四大特征为线索展开对 C++的讨论,为第三部分的应用奠定理论基础;第三部分(第 9~14 章)是 C++的应用部分,主要介绍在 Visual C++平台下基于 MFC 的 Windows 应用程序开发方法。

为了有利于学习,节省篇幅,有些知识点通过例题介绍,以达到事半功倍的效果。本书精选了大量的例题,并且在 Visual C++上调试通过。

本书的主编是甘玲(编写第 1~4 章和第 7 章),副主编是邱劲(编写第 9~14 章),参与编写的还有罗俊逸(编写第 5、6 章),张虹(编写第 8 章)。全书由甘玲统稿。另外,李盘林、冯潇以及使用教材的全国师生对本书的修订提出了宝贵意见,在此表示感谢。同时,感谢邱玉辉教授、冯博琴教授和王国胤教授,他们对本书给予了极大的关注和支持。感谢本书所列

面向对象技术与Visual C++（第2版）

参考文献的作者,感谢为本书出版付出辛勤劳动的清华大学出版社的工作人员,感谢所有使用教材的师生们。

由于作者水平有限,难免有疏漏之处,恳请广大读者批评指正。在使用本书时如遇到问题,或想索取本书例题的源代码与电子讲稿,请与责任编辑联系。联系方式:404905510@qq.com。

作　者

2019 年 2 月

目 录

第二部分　C++面向对象技术

第三部分　Visual C++的 Windows 编程技术

第一部分　基础知识

本部分先从总体上介绍面向对象技术的基础知识（第1章），然后简介C++对C语言基础的扩展知识（第2章）。这部分既是全书的一个概要，也是后面几部分的基础和前奏，便于读者更好地适应C++的学习。

- 第1章　面向对象技术概述
- 第2章　C++对C语言基础的扩展

第1章

面向对象技术概述

面向对象技术是一种全新的设计和构造软件的技术,它使计算机解决问题的方式更符合人类的思维方式,更能直接地描述客观世界,通过增加代码的可重用性、可扩充性和程序自动生成功能提高编程效率,并且大大减少软件维护的开销,已经被越来越多的软件设计人员所接受。希望通过本章的介绍,读者能从宏观上了解面向对象技术,有助于对具体实现的掌握。本章从面向对象与面向过程程序设计的区别入手,引出了面向对象技术的基本概念和基本特征,说明了 C++ 对面向对象技术的支持,后续章节则从四大特征展开介绍。

1.1 面向对象与面向过程的区别

面向对象技术是一种新的软件技术,其概念来源于程序设计。从 20 世纪 60 年代提出面向对象的概念到现在,它已发展成为一种比较成熟的编程思想,并且逐步成为目前软件开发领域的主流技术。同时,它不再局限于程序设计方面,已经成为软件开发领域的一种方法论。它对信息科学、软件工程、人工智能和认知科学等都产生了重大影响,尤其在计算机科学与技术的各个方面影响深远。通过面向对象技术,可以将客观世界直接映射到面向对象程序空间,从而为软件设计和系统开发带来革命性影响。

在面向对象程序设计(Object Oriented Programming,OOP)方法出现之前,程序员用面向过程的方法开发程序。面向过程的方法把密切相关、相互依赖的数据与对数据的操作相互分离,这种实质上的依赖与形式上的分离使得大型程序不但难以编写,而且难以调试和修改。在多人合作中,程序员之间很难读懂对方的代码,更谈不上代码的重用。由于现代应用程序规模越来越大,对代码的可重用性与易维护性的要求也越来越高,面向对象技术便应运而生了。

面向对象技术是一种以对象为基础,以事件或消息驱动对象执行处理的程序设计技术。它以数据为中心而不是以功能为中心描述系统,相对于功能而言数据具有更强的稳定性。它将数据和对数据的操作封装在一起,作为一个整体处理,采用数据抽象和信息隐蔽技术,将这个整体抽象成一种新的数据类型——类,并且考虑类之间的联系和类的重用性。类的集成度越高,就越适合大型应用程序的开发。另外,面向对象程序的控制流程由运行时各种事件的实际发生触发,而不再由预定顺序决定,更符合实际。事件驱动程序的执行围绕消息的产生与处理,靠消息循环机制实现。更重要的是,可以利用不断扩充的框架产品 MFC (Microsoft Foundation Classes),在实际编程时可以采用搭积木的方式组织程序,站在“巨人”的肩上实现自己的目标。面向对象的程序设计方法使得程序结构清晰、简单,提高了代码的重用性,有效地减少了程序的维护量,提高了软件的开发效率。

例如,用面向对象技术解决学生管理方面的问题,重点应该放在学生上。应该了解在管理工作中学生的主要属性、要对学生做些什么操作等,并且把它们作为一个整体对待,形成一个类,称为学生类。作为其实例,可以建立许多具体的学生,而每一个具体的学生就是学生类的一个对象。学生类中的数据和操作可以提供给相应的应用程序共享,还可以在学生类的基础上派生出大学生类、中学生类或小学生类等,实现代码的高度重用。

在结构上,面向对象程序与面向过程程序有很大不同。面向对象程序由类的定义和类的使用两部分组成:在主程序中定义各对象并规定它们之间传递消息的规律,程序中的一切操作都通过给对象发送消息实现;对象接到消息后,启动消息处理函数完成相应的操作。

1.2　基本概念

对象与类、消息与事件是面向对象程序设计中最基本且最重要的概念,有必要仔细理解和彻底掌握。它们将贯穿全书并且逐步深化。

1.2.1　对象与类

与人们认识客观世界的规律一样,面向对象技术认为客观世界是由各种各样的对象组成,每种对象都有各自的内部状态和运动规律,不同对象间的相互作用和联系就构成了各种不同的系统,构成了客观世界。在面向对象程序中,客观世界被描绘成一系列完全自治、封装的对象,这些对象通过外部接口访问其他对象。可见,对象是组成一个系统的基本逻辑单元,是一个有组织形式的含有信息的实体。而类是创建对象的样板,在整体上代表一组对象,设计类而不是设计对象可以避免重复编码,类只需编码一次,就可以创建本类的所有对象。

对象(object)由属性(attribute)和行为(action)两部分组成。对象只有在具有属性和行为的情况下才有意义,属性是用来描述对象静态特征的一个数据项,行为是用来描述对象动态特征的一个操作。对象是包含客观事物特征的抽象实体,是属性和行为的封装体,在程序设计领域,可以用"对象=数据+作用于这些数据上的操作"这一公式表达。

类(class)是具有相同属性和行为的一组对象的集合,它为属于该类的全部对象提供了统一的抽象描述,其内部包括属性和行为两个主要部分,类是对象集合的再抽象。

类与对象的关系如同一个模具与用这个模具铸造出来的铸件之间的关系。类给出了属于该类的全部对象的抽象定义,而对象则是符合这种定义的一个实体。因此,一个对象又称作类的一个实例(instance)。

在面向对象程序设计中,类的确定与划分非常重要,是软件开发中关键的一步,划分的结果直接影响到软件系统的质量。如果划分得当,既有利于程序进行扩充,又可以提高代码的可重用性。因此,在解决实际问题时,需要正确地进行分类。理解一个类究竟表示哪一组对象,如何把实际问题中的事物汇聚成一个个的类,而不是一组数据,这是面向对象程序设计中的一个难点。

类的确定和划分并没有统一的标准和固定的方法,基本上依赖设计人员的经验、技巧以及对实际问题的把握。但有一个基本原则:寻求一个大系统中事物的共性,将具有共性的系统成分确定为一个类。确定某事物是一个类的步骤包括：第一步，要判断该事物是否有一个以上的实例，如果有，则它是一个类；第二步，要判断类的实例中有没有绝对的不同点，如果没有，则它是一个类。另外，还要知道什么事物不能被划分为类。不能把一组函数组合在一起构成类，也就是说，不能把一个面向过程的模块直接变成类。类不是函数的集合！

1.2.2　消息与事件

消息(message)是描述事件发生的信息，事件(event)由多个消息组成。消息是对象之间发出的行为请求。封装使对象成为一个相对独立的实体，而消息机制为它们提供了一个相互间动态联系的途径，使它们的行为能互相配合，构成一个有机的运行系统。

对象通过对外提供的行为在系统中发挥自己的作用，当系统中的其他对象请求这个对象执行某行为时，就向这个对象发送一个消息，这个对象就响应这个请求，完成指定的行为。

程序的执行取决于事件发生的顺序，由顺序产生的消息驱动程序的执行。不必预先确定消息产生的顺序，更符合客观世界的实际。

1.3　面向对象技术的基本特征

面向对象技术强调在软件开发过程中面向客观世界或问题域中的事物，采用人类在认识客观世界的过程中普遍运用的思维方法，直观、自然地描述客观世界中的有关事物。面向对象技术的基本特征主要有抽象性、封装性、继承性和多态性。

1.3.1　抽象性

把众多的事物进行归纳、分类是人们在认识客观世界时经常采用的思维方法，"物以类聚，人以群分"就是分类的意思，分类所依据的原则是抽象。抽象(abstract)就是忽略事物中与当前目标无关的非本质特征，强调与当前目标有关的本质特征，从而找出事物的共性，并把具有共性的事物划为一类，得到一个抽象的概念。例如，在设计一个学生成绩管理系统的过程中，考查学生张华这个对象时，就只关心他的班级、学号、成绩等，而忽略他的身高、体重等信息。因此，抽象性是对事物的抽象概括描述，实现了客观世界向计算机世界的转化。将客观事物抽象为对象及类是比较难的过程，也是面向对象方法的第一步。例如，将学生抽象为类及对象的过程如图 1-1 所示。

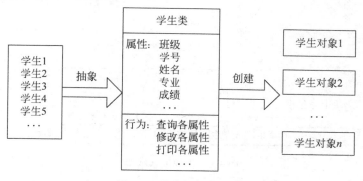

图 1-1　抽象过程示意图

1.3.2 封装性

封装（encapsulation）就是把对象的属性和行为结合成一个独立的单位，并尽可能隐蔽对象的内部细节。图 1-1 中间的学生类也反映了封装性。封装有两个含义：一是把对象的全部属性和行为结合在一起，形成一个不可分割的独立单位。对象的属性值（除了公有的属性值）只能由这个对象的行为读取和修改；二是尽可能隐蔽对象的内部细节，对外形成一道屏障，与外部的联系只能通过外部接口实现。

封装的信息隐蔽作用反映了事物的相对独立性，可以只关心它对外所提供的接口，即能做什么，而不注意其内部细节，即怎么做。例如，用陶瓷封装起来的一块集成电路芯片，其内部电路是不可见的，而且使用者也不关心它的内部结构，只关心芯片引脚的个数、电气参数及所提供的功能，利用这些引脚，使用者将各种不同的芯片连接起来，就能组装成具有一定功能的模块。

封装的结果使对象以外的部分不能随意存取对象的内部属性，从而有效地避免了外部错误对它的影响，大大减小了查错和排错的难度。另外，当对对象内部进行修改时，由于它只通过少量的外部接口对外提供服务，因此同样减小了内部修改对外部的影响。同时，如果一味地强调封装，那么对象的任何属性都不允许外部直接存取，要增加许多没有其他意义的只负责读或写的行为。这为编程工作增加了负担，增加了运行开销，并且使得程序显得臃肿。为了避免这一点，在语言的具体实现过程中应使对象有不同程度的可见性，进而与客观世界的具体情况相符合。

封装机制将对象的使用者与设计者分开，使用者不必知道对象行为实现的细节，只需用设计者提供的外部接口让对象去做。封装的结果实际上隐蔽了复杂性，并提供了代码重用性，从而降低了软件开发的难度。

1.3.3 继承性

客观事物既有共性，也有个性。如果只考虑事物的共性，而不考虑事物的特性，就不能反映出客观世界中事物之间的层次关系，不能完整地、正确地对客观世界进行抽象描述。运用抽象的原则就是舍弃对象的特性，提取其共性，从而得到适合一个对象集的类。如果在这个类的基础上，再考虑抽象过程中被舍弃的一部分对象的特性，则可形成一个新的类，这个类具有前一个类的全部特征，是前一个类的子集，形成一种层次结构，即继承结构，如图 1-2 所示。

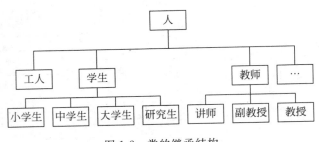

图 1-2 类的继承结构

继承(inheritance)是一种联结类与类的层次模型。继承性是指特殊类的对象拥有其一般类的属性和行为。继承意味着"自动地拥有",即特殊类中不必重新定义已在一般类中定义过的属性和行为,而是自动地、隐含地拥有其一般类的属性与行为。继承允许和鼓励类的重用,提供了一种明确表述共性的方法。一个特殊类既有自己新定义的属性和行为,又有继承下来的属性和行为。尽管继承下来的属性和行为是隐式的,但无论在概念上还是在实际效果上,都是这个类的属性和行为。当这个特殊类再由它更下层的特殊类继承时,它继承来的和自己定义的属性和行为又被下一层的特殊类继承下去。因此,继承是传递的,体现了大自然中特殊与一般的关系。

在软件开发过程中,继承性实现了软件模块的可重用性、独立性,缩短了开发周期,提高了软件开发的效率,同时使软件易于维护和修改。这是因为要修改或增加某一属性或行为,只需在相应的类中进行改动,而它的所有派生类自动地、隐含地做了相应的改动。

由此可见,继承是对客观世界的直接反映,通过类的继承,能够实现对问题的深入、抽象描述,反映出人类认识问题的发展过程。

1.3.4 多态性

面向对象设计借鉴了客观世界的多态性,体现在不同的对象收到相同的消息时可以产生多种不同的行为方式。例如,在一般类"几何图形"中定义了一个行为"绘图",但并不确定执行时到底画一个什么图形。特殊类"椭圆"和"多边形"都继承了几何图形类的绘图行为,但其功能却不同,一个是要画出一个椭圆,另一个是要画出一个多边形。这样一个绘图的消息发出后,椭圆、多边形等类的对象接收到这个消息后各自执行不同的绘图函数。如图 1-3 所示,这就是多态性的表现。

图 1-3　多态性示意图

具体地说,多态性(polymorphism)是指类中同一函数名对应多个具有相似功能的不同函数,可以使用相同的调用方式调用这些具有不同功能的同名函数。

继承性和多态性的结合,可以生成一系列虽类似但独一无二的对象。由于继承性,这些对象共享许多相似的特征;由于多态性,针对相同的消息,不同对象可以有独特的表现方式,实现特性化的设计。

上述面向对象技术四大特征的充分运用,为提高软件开发效率起着重要的作用,通过编写可重用代码、编写可维护代码、修改代码模块、共享代码等方法充分发挥其优势。面向对象技术可使程序员不必反复地编写类似的程序,而是通过继承机制进行特殊类化的过程使得程序设计变成仅对特殊类与一般类的差异进行编程的过程。当高质量的代码可重复使用时,复杂性就得以降低,效率则得到提高。不断扩充的 MFC 类库和继承机制能极大限度地提高开发人员建立、扩充和维护系统的能力。面向对象技术将数据与操作封装在一起,简化了调用过程,方便了维护,并减少了程序设计过程中出错的可能性。继承性和封装性使得应用程序的修改带来的影响更加局部化,而且类中的操作是易于修改的,因为它们被放在唯一的地方。

因此,采用面向对象技术进行程序设计具有开发时间短、效率高、可靠性好、开发的程序更健壮等优点。

1.4　C++对面向对象技术的支持

C++作为一种面向对象程序设计语言,具有对象、类、消息等概念,同时支持面向对象技术的抽象性、封装性、继承性和多态性。

1. C++对抽象性的支持

C++抽象包括两个方面:一是过程抽象;二是数据抽象。过程抽象是指任何一个明确定义功能的操作都可被使用者看作是单个的实体,尽管这个操作实际上可能由一系列更低级的操作完成。数据抽象定义了数据类型和对该类对象的操作,并限定了对象的值只能通过这些操作修改和调用。

2. C++对封装性的支持

C++将数据和相关操作封装在类中,同时通过访问权限控制对内部数据的访问。

3. C++对继承性的支持

C++允许从一个或多个已经定义的类中派生出新类,并继承其数据和操作,同时在新类中可以重新定义或增加新的数据和操作,从而建立类的层次结构。被继承的类称为基类或父类,派生的新类称为派生类或子类。

4. C++对多态性的支持

C++多态分为编译时多态和运行时多态。编译时多态是指在程序的编译阶段由编译系统根据操作数确定需要调用哪个同名的函数;运行时多态是指在程序的运行阶段才根据产生的信息确定需要调用哪个同名的函数。调用不同的函数就意味着执行不同的处理。在C++中,对编译时多态的支持是通过函数重载和运算符重载实现的;对运行时多态的支持是通过继承和虚函数来实现的。

1.5　本章小结

面向对象技术源于程序设计,现在已经发展成为软件开发领域的一种方法论。它使计算机解决问题的方式更加类似于人类的思维方式,更能直接描述客观世界,通过增加软件的可扩充性、可重用性和程序自动生成功能来提高编程效率,降低软件维护复杂度,可利用不断扩充的框架产品 MFC 快速构建程序。

面向对象技术是一种以对象为基础,以事件或消息驱动对象执行相应的消息处理函数的程序设计技术。它与面向过程的方法最大的不同在于,它是以数据为中心而不是以功能为中心,将数据及相应操作封装在一起抽象成一种新的数据类型——类。另外,面向对象程序的控制流程由运行时各种事件的实际发生触发,而不再由事件的预定顺序决定。事件驱动程序执行围绕消息的产生与处理,靠消息循环机制实现。

类是具有相同属性和行为的对象的集合。类是对象的抽象,对象是类的实例。对象与类的关系如同特殊与一般的关系,如同变量与数据类型的关系。消息是向对象发出的服务请求,事件由多条消息构成。

面向对象技术具有抽象性、封装性、继承性和多态性等基本特征。抽象性是指忽略事物中与当前目标无关的非本质特征的特征;封装性是指把对象的属性和行为封装在一起,并尽可能隐蔽对象的内部细节的特征;继承性是指特殊类的对象拥有其一般类的属性和行为的类与类之间层次关系的特征;多态性是指用相同方式调用具有不同功能的同名函数的特征。

C++是一种混合型面向对象程序设计语言。C++继续发挥了 C 语言的底层优势,并且发展成为一种可视化面向对象程序设计语言,并在 .NET 技术的强大支持下更显"旗舰"的作用。

1.6 习题

1. 什么是面向对象?
2. 面向对象与面向过程程序设计有什么不同?
3. 面向对象技术有哪些优点?
4. 面向对象技术中的封装性有何优缺点? 如何克服这些缺点?
5. 为什么要应用继承机制?
6. C++对多态性的支持体现在哪些方面?

第2章 C++对C语言基础的扩展

C++是一种混合型面向对象程序设计语言,它兼容了C语言,继承了C语言的数据类型、运算符、表达式、语句、程序的基本控制结构和函数等,并弥补了其缺陷,增加了面向对象的能力。其中,改造后的C语言是面向对象部分的基础,与C语言并无本质的区别。本章以一个简单程序为例介绍C++面向过程程序的基本组成,然后介绍C++对C语言基础的扩展。

2.1 C++基本程序与C的不同

C++程序由一个或多个源代码文件构成。C++的源代码文件分为两类:头文件和源程序文件。一般将变量(对象)、类型及类的定义、函数的声明等放在头文件(扩展名为.h)中,而使用这些变量或函数的程序放在源程序文件(扩展名.cpp)中。头文件可以由系统提供,用户可以直接使用,也可以由用户根据程序需要自己编写头文件。

下面以一个简单的C++程序为例,介绍C++程序的基本组成。

例2-1 示例C++程序的基本组成。

```
//example 2_1.cpp
# include < iostream >              //编译预处理
using namespace std;               //获得对标准程序库的使用权利
int main()                         //主函数
{
    char name[20];                 //定义字符数组
    cout <<"please input your name:";   //输出提示信息
    cin >> name;                   //从键盘输入
    cout <<"Hello,"<< name <<"!"<< endl;   //输出问候信息
    return 0;
}
```

该程序的运行结果为:

```
please input your name:WangMin↙      //下画线部分表示用户输入信息,下同
Hello,WangMin!
```

本程序的功能是在屏幕上输出提示信息,用户根据提示输入姓名后,程序再输出问候信息。由此可见,C++简单程序既保留了C语言的一些语法,同时也做了部分改变。

同C程序一样,C++程序也是从主函数main()中的第一条语句开始执行,然后顺序执

行主函数中的每一条语句,执行完最后一条语句后,程序结束。标准 C++语言中规定主函数的返回值类型必须为 int,因此,在主函数的最后要写一条返回语句"return 0;"表示向操作系统返回 0 值,表示程序正常结束。虽然许多 C++编译器允许主函数的返回值类型是 void,但建议读者在编程时应采用标准的表示形式。

2.1.1　输入输出初步

C++继承了 C 语言的输入输出函数 scanf()和 printf(),但必须包含头文件 stdio.h。另外,C++程序使用 cin 和 cout 进行输入输出操作。cin 和 cout 是 C++系统定义的对象名,称为标准输入流对象和标准输出流对象。cout 的基本用法格式如下:

```
cout << E1 << E2 <<…<< Em;
```

其中,"<<"是预定义的插入运算符,E_1,E_2,…,E_m 均为表达式。功能是计算各表达式的值并将结果输出到屏幕当前光标处。在输出时,要注意恰当使用字符串和换行符 endl,提高输出信息的可读性。cin 的基本用法格式如下:

```
cin >> V1 >> V2 >>…>> Vn;
```

其中,">>"是预定义的提取运算符,V_1,V_2,…,V_n 均为变量。功能是暂停执行程序,等待用户从键盘输入数据。在输入时,用空格或 Tab 键将所输入的多个数据分隔开。所有数据输入完后,按 Enter 键表示输入结束,程序将用户输入的数据存入各变量中,继续执行后面的语句。值得注意的是,用户响应 cin 的要求,输入数据类型应与接收该数据的变量类型相一致,否则将导致输入操作失败或者得到一个错误的数据。

例 2-1 中,"cin >> name;"是将键盘输入的字符串输入到变量 name 中,"please input your name:"是将一个字符串常量输出到显示器上。

值得注意的是,在程序中必须加入 #include <iostream>后才能使用 cin 和 cout。头文件 iostream 中提供了有关标准的输入输出流的说明,详细内容见第 7 章。

2.1.2　编译预处理

C++程序的编译过程分为编译预处理和正式编译两步。在编译 C++程序时,编译系统中的预处理模块首先根据预处理命令对源程序进行适当的加工,然后再正式编译。

例 2-1 中,第 1 行代码是编译预处理中的文件包含命令,其作用是在编译之前将头文件的内容增加到源程序 example2_1.cpp 中。该头文件设置了 C++的 I/O 相关环境,定义了输入输出流类对象 cout 与 cin 等。

注意到在 C++程序预处理 #include 部分,头文件 iostream 不带扩展名.h,这是标准 C++的写法。但仅仅这样写,C++程序还是不能直接使用 iostream 中的 cin 和 cout。C++标准库中的标识符都是在一个叫 std 的名字空间(namespace)中声明的。这些标识符在源程序中是不可见的,除非用指示符 using 告诉编译器程序要使用名字空间 std 中的名字。当程序中需要使用 C++标准库中的输入输出流时,必须写成下面形式:

```
# include < iostream >
using namespace std;
```

这样程序才能够使用 cin 和 cout 这些名称，否则程序编译会出错。以上是标准 C++ 的写法。但为了与 C 语言兼容，C++ 保留了 C 语言的格式。

说明：名字空间的主要作用是解决程序中标识符名字冲突问题。利用名字空间可以对标识符命名的常量、变量、函数、类等进行分组，每个组就是一个名字空间。详见 2.4 节。

2.1.3　注释

注释是 C++ 源程序的一部分，其作用是增强源程序的可读性，也用于程序调试。一个完整的 C++ 程序应该包含清楚详细的注释。C++ 程序中的注释可以有如下两种形式。

（1）C++ 语言风格：注释位于一行中双斜线"//"右边的全部字符，适合单行注释。

（2）传统的 C 语言风格：注释在符号"/ * "和" * /"之间的全部字符，适合多行注释。

注释在编译时不生成目标代码，因此它与程序的功能及运行无关。

2.2　数据和运算的扩展

C++ 变量和常量的含义与 C 相同，任何一个变量在被使用之前必须被定义。与 C 不同的是，C++ 中的变量可以在程序中随时定义，不必集中在程序执行语句之前。另外，C++ 增加了类和 const 常量，其中类将在第 3 章介绍。

2.2.1　常量

在程序运行过程中，值不能被改变的量称为常量（const），包括常数和代表固定不变值的名字。常量分为整型常量、实型常量、字符常量、字符串常量、布尔常量，例如 3、4.5、'A'、"123"、false 和 true。为了提高程序的可读性，C++ 通过给常量命名的方式定义常量，定义格式如下：

```
const <数据类型> <常量名> = <表达式>;
```

例如：

```
const float pi = 3.1415926;
```

说明：定义常量的主要目的是防止在程序中对该值的改变。因为常量值在程序运行过程中不允许改变，所以常量在定义时必须被初始化，且常量名不能放在赋值号的左边。例如：

```
const float PI;
PI = 3.1415926;                          //错误
```

另外，C++ 也兼容 C 的宏常量，即用编译预定义命令定义的常量。例如：

```
# define PI 3.1415926
```

说明：宏常量与 const 常量不同的是，它没有类型，不会分配空间。

2.2.2　引用

引用(&)与指针作用相似,都是访问变量的手段。指针是通过地址间接访问内存中的值,而引用是直接访问。它们主要用于函数参数的传递,什么时候用引用做参数,什么时候用指针做参数,没有特定的规定。

引用(reference)是 C++独有的特征。引用是某个变量的别名,是另一种访问变量的方法。建立引用时,要用某个变量对其初始化,于是它就被绑定在那个变量上。对于引用的改动就是对其所绑定的变量的改动,反之亦然。引用的声明格式如下:

```
<类型> & <引用名> = <变量名>;
```

例如:

```
int a;
int& ra = a;                        //声明整型变量 a 的引用 ra
ra = 10;                            //与 a = 10 等价
cout << ra << a << endl;
a = 20;
cout << ra << a << endl;
```

思考题:对于如下语句,其输出结果是什么？各有什么含义？

```
int a, * pa;
int& ra = a;
pa = &a;
cout <<"&a:"<< &a << endl <<"&ra:"<< &ra << endl <<"&pa:"<< &pa << endl;
```

在 C++函数中,形式参数用指针或引用都可以起到在被调用函数中改变调用函数的变量的作用。引用与指针的区别如下。

(1) 引用必须被初始化,指针不必。

(2) 引用初始化以后不能被改变,指针可以改变所指的对象。

(3) 不存在指向空值的引用,但是存在指向空值的指针。因此,使用引用的代码效率比使用指针要高。

(4) 使用引用之前不需要测试其合法性,而指针则必须测试。例如:

```
void printDouble(const double& rd)
{
    cout << rd;                     //不需要测试 rd,它肯定指向一个 double 值
}
```

相反,指针则应该总是测试,防止其为空:

```
void printDouble(const double * pd)
{
    if (pd)                         //检查是否为 NULL
        cout << * pd;
}
```

引用当然更直观、更直接，做参数时，如果在函数内不刻意用指针的那些副作用（如越界访问、动态定向等），引用可以代替指针。

2.2.3　作用域运算符

C++继承了 C 的运算符，增加了作用域运算符（::），其优先级是 1 级，结合性是左结合。

如声明了一个类 A，类 A 里声明了一个成员函数 void f()，如果在类外定义函数 f 时，就要写成 void A::f()，表示这个 f() 函数是类 A 的成员函数。具体使用请看 3.1.3 节。

"::"还有一种用法，就是直接用在函数前，表示是全局函数。当类成员函数与类外的一个全局函数同名时，在类中默认调用的是自身的成员函数；如果要调用同名的全局函数时，就必须加上"::"以示区别。

2.2.4　动态存储分配

程序在内存中有 4 个区域：代码区、全局数据区、栈区和堆区。这里将介绍用于动态分配的堆区。

堆（heap）允许程序在运行时申请某个大小的存储空间。如果要在堆中动态分配存储空间，则使用指针和运算符 new 完成，使用完后用运算符 delete 释放其动态存储空间。

1．new 运算符

new 运算符用于分配动态存储空间。使用格式如下：

```
<指针变量名> = new <类型>;
```

或

```
<指针变量名> = new <类型>(<初值>);
```

或

```
<指针变量名> = new <类型>[<元素个数>];
```

其中，new 运算从堆中分配一块与<类型>相适应的存储空间，若分配成功，则将这块存储空间的首地址存入<指针变量名>，否则置<指针变量名>的值为 NULL（空指针值，即 0）。<初值>用于为分配好的存储空间置初值。new 运算也可以申请大小为<元素个数>的数组空间。使用 new 创建数组时，不能为该数组指定初始值，其初始值为默认值。

2．delete 运算符

delete 运算符用来释放<指针变量名>指向的动态存储空间。使用格式如下：

```
delete <指针变量名>
```

或

```
delete[] <指针变量名>
```

其中,第二种格式用于释放指针指向的连续存储空间,即释放数组占用的空间。使用 delete 时应注意:

（1）必须用于由 new 返回的指针。

（2）对一个指针只能使用一次 delete 操作。

（3）指针变量名前的方括号符,并且不管所删除数组的维数,忽略方括号内的所有数字。

例 2-2 示例用 new 获得动态存储空间。

```cpp
//example 2_2.cpp
# include < iostream >
using namespace std;
int main()
{
    int * a = new int;            //在堆中分配 int 型变量所占存储空间,并将首地址赋给指针 a
    * a = 76;
    cout << * a << endl;
    delete a;                     //释放 a 指向的动态存储空间
    return 0;
}
```

该程序的运行结果为:

76

例 2-3 示例用 new 申请连续存储空间。

```cpp
//example 2_3.cpp
# include < iostream >
using namespace std;
int main()
{
    int arraysize;
    int * array;
    cout <<"please input a number of array: ";
    cin >> arraysize;
    if((array = new int[arraysize]) == NULL)          //申请一块连续的存储空间
    {
        cout <<"Can't allocate memory, terminating.";   //未分配到存储空间
        exit(1);
    }
    for( int count = 0;count < arraysize;count++ )
    {
        array[count] = count * 2;
        cout << array[count]<<" ";
    }
```

```
    cout << endl;
    delete[] array;                              //释放 array 指向的连续存储空间
    return 0;
}
```

该程序的运行结果为：

```
please input a number of array:3 ↙
0 2 4
```

2.3 函数的扩展

与 C 程序类似，C++程序中也大量使用函数，不过通常定义在类中。C++对函数进行了扩展，包括引用做函数参数和函数返回值、内联函数、带默认参数的函数和函数重载等。

2.3.1 函数中的引用

C++引入引用的目的是方便函数间数据的传递。引用可做形参和函数返回值。使用引用做函数的形参时，调用函数的实参要用变量名。实参传递给形参，相当于在被调用函数中使用了实参的别名。于是，在被调用函数中对形参的改变，实质是对实参的改变。因此，引用调用的效果与传地址调用相同，但比传地址调用更方便、直接。

例 2-4 示例引用做形参的函数。

```
//example 2_4.cpp
# include < iostream >
using namespace std;
void swap( int& x, int& y)                       //定义函数,形参为引用
{
    int temp;
    temp = x;
    x = y;
    y = temp;
}
int main( )
{
    int a = 1, b = 2;                            //定义变量
    cout <<"Before Swap a = "<< a <<", b = "<< b << endl;
    swap(a, b);                                   //引用调用
    cout <<"After Swap a = "<< a <<", b = "<< b << endl;
    return 0;
}
```

该程序的运行结果为：

```
Before Swap a = 1, b = 2
After Swap a = 2, b = 1
```

说明：引用调用和传地址调用的运行结果一样。只是传地址调用是指针间接对实参操作，而引用调用是直接对实参操作。

例 2-5　示例引用做函数返回值的函数。

```cpp
//example 2_5.cpp
# include < iostream >
using namespace std;
int& f1( int n, int * p)                            //函数定义,函数类型为引用
{
    int& m = p[n];
    return m;
}
int main()
{
    int s[ ] = {1,2,3,4,5,6},i;
    f1(3,s) = 10;                                   //引用调用
    for( i = 0; i < 6; i++)
        cout << s[i]<<" ";
    cout << endl;
    return 0;
}
```

该程序的运行结果为：

```
1 2 3 10 5 6
```

说明：程序中函数 f1 的返回值是 m 的引用。函数值为引用可对指定的单元进行修改。函数值为引用的函数可用作赋值运算符的左操作数，即为该引用对应的变量赋值。

思考题：函数值为引用做赋值运算符的右操作数，对其引用的单元有修改吗？

2.3.2　内联函数

调用函数时，程序转到内存中函数的起始地址执行，执行完函数的代码后，再返回到调用点继续执行。这种转移操作要求在转移之前保护现场及保存返回后执行的地址，返回后，需恢复现场，并按保存的地址继续执行。故函数调用有一定的时间和空间开销，影响程序的执行效率。特别是对于一些函数体代码不是很大，但又频繁地被调用的函数来说，解决其执行效率问题较为重要。引入内联函数就是为了解决这一问题。

在程序编译时，编译系统将程序中出现内联函数调用的地方用函数体进行替换，进而增加了空间的开销，而在时间开销上不像函数调用时那么大。引入内联函数可以提高程序的运行效率，节省调用函数的时间开销，是一种以空间换时间的方案。内联函数定义的一般格式如下：

```
inline <函数类型> <函数名>(<参数表>)
{
    <函数体>
}
```

例 2-6   示例用内联函数实现求两个整数中较大数。

```
inline int max(int x, int y)                    //内联函数
{
    return x > y?x:y;
}
int main()
{
    int a,b;
    cout <<"Input two data:";
    cin >> a >> b;
    cout <<"The max is:"<< max(a,b)<< endl;
    return 0;
}
```

说明：在程序编译时，编译系统就把内联函数体替换主函数中内联函数调用语句、用实参换形参。在程序运行时，就不再有对 max()函数的调用。

使用内联函数应注意：

（1）内联函数的函数体内不能含有复杂的结构控制语句，如 switch 和 while 等，否则编译系统将该函数视为普通函数。

（2）递归函数不能定义为内联函数。

（3）内联函数一般适合于只有 1～5 条语句的小函数，对一个含有很多语句的大函数，没有必要使用内联函数实现。

（4）关键字 inline 必须与函数定义体放在一起才能使函数成为内联函数，仅将 inline 放在函数声明前面不起作用。

2.3.3   带默认参数的函数

C++允许在定义函数时给其中的某些形参指定默认值，这样，在函数调用时，若指定实参值则用实参值，否则用默认值。引入默认参数是为了让编程简单，让编译系统做更多的检查错误工作，同时增强函数的可重用性。

例 2-7   示例带默认参数的函数。

```
//example 2_7.cpp
# include < iostream >
using namespace std;
void sum(int num = 10)                    //带默认参数函数的定义
{
    int i,s = 0;
    for(i = 1;i <= num;i++)
        s = s + i;
    cout <<"sum is:"<< s << endl;
}
int main()
{
    sum(100);                             //提供了实参值,输出结果为 5050
    sum();                                //省略实参值,使用默认值 10,输出结果为 55
```

```
        return 0;
    }
```

使用默认参数函数应注意：

（1）默认参数一般在函数声明中提供。如果程序中既有函数的声明又有函数的定义，则定义函数时不允许再定义参数的默认值，即使指定的默认值完全相同也不行。如果程序中只有函数的定义，而没有声明函数，则默认参数才可出现在函数定义中。

例如：

```
void point(int x = 10, int y = 20);          //带默认参数函数的声明
int main()
{
    //…
}
void point(int x, int y)                      //函数定义,不允许再定义参数的默认值
{
    cout << x << endl;
    cout << y << endl;
}
```

（2）所有默认参数必须放在参数表的最后。在函数调用时，实参与形参从左至右结合。当实参目不足时，用形参的默认值补足所缺少的实参。

例如：

```
void myfunc(int a = 1, float b, long c = 20);   //错误
void myfunc(int a, float b = 2.1, long c = 30); //正确
```

（3）默认参数的声明必须出现在函数调用之前。

2.3.4 函数重载

函数重载是指具有相似功能的不同函数使用同一函数名，但这些同名函数的参数类型、参数个数、函数类型、函数功能可以不同。编译系统将根据函数参数的类型和个数判断使用哪一个函数。这体现了 C++ 对多态性的支持，即"一个名字，多个入口"或"同一接口，多种方法"。

例 2-8 示例函数重载。

```
//example 2_8.cpp
# include < iostream >
using namespace std;
int abs(int x)                        //形参为整型
{   return x > 0?x: - x;   }
double abs(double x)                  //形参为双精度型
{   return x > 0?x: - x;   }
long abs(long x)                      //形参为长整型
{   return x > 0?x: - x;   }
int main()
{
    int x1 = 4;
```

```
        double x2 = 5.5;
        long x3 = 6L;
        cout <<"|x1| = "<< abs(x1)<< endl;          //调用函数 int abs(int x)
        cout <<"|x2| = "<< abs(x2)<< endl;          //调用函数 double abs(double x)
        cout <<"|x3| = "<< abs(x3)<< endl;          //调用函数 long abs(long x)
        return 0;
    }
```

该程序的运行结果为：

```
|x1| = 4
|x2| = 5.5
|x3| = 6
```

说明：在函数调用时，编译系统按照调用函数时的参数个数、类型和顺序确定调用哪个同名函数。如果只是函数类型不同，编译系统无法确定调用哪个函数，因此不能重载。

2.4 名字空间

C++采用的是单一的全局变量名字空间。在这单一的空间中，如果有两个变量或函数的名字完全相同，就会出现冲突。如今团队合作时，难免会使用相同的名字，有时为了程序的意义，必须使用同一名字。名字空间就是为解决 C++ 中的变量、函数的命名冲突而设置的。解决的办法就是将变量或函数定义在不同名字的名字空间中。名字空间的定义格式如下：

```
namespace <名字空间名>
{
    <成员的声明>
}
```

其中，<名字空间名>在它定义的域中必须是唯一的。所有可以出现在全局名字空间域中的声明都可以被放在用户声明的名字空间中，而且不会改变其意义，所不同的是，使用名字空间成员时，要与名字空间名复合起来用，以解决命名冲突。其格式如下：

```
<名字空间名>::<成员名>
```

例 2-9 示例名字空间的使用。

```
//example 2_9.cpp
# include < iostream >
# include < string >
using namespace std;
/* using namespace 编译指示,在本程序中可以使用 C++标准类库中定义的名字. std 是标准名字空间名,在标准头文件中声明的函数、对象和类模板,都声明在名字空间 std 中 */
namespace myown1
{
```

```
    string user_name = "myown1";
}
namespace myown2
{
    string user_name = "myown2";
}
int main()
{
    cout <<"Hello, "
        << myown1::user_name              //用名字空间限制符访问变量 user_name
        <<"... and goodbye! "<< endl;
    cout << endl;
    cout <<"Hello, "
        << myown2::user_name              //用名字空间限制符访问变量 user_name
        <<"... and goodbye! "<< endl;
    return 0;
}
```

该程序的运行结果为：

Hello,myown1...and goodbye!

Hello,myown2...and goodbye!

说明：也可以用预编译指示使用名字空间中的名字。用预编译指示的好处是程序中不必显式地使用名字空间限制符访问变量。例 2-9 的主程序可修改为：

```
int main()
{
    using namespace myown1;
    cout <<"Hello, "
        << user_name                      //此时用的是 myown1 的名字空间
        <<"... and goodbye! "<< endl;
    //using namespace myown2;
    cout << endl;
    cout <<"Hello, "
        << myown2::user_name              //用名字空间限制符访问变量 user_name
        <<"... and goodbye! "<< endl;
    return 0;
}
```

说明：第二个变量必须用名字空间限制符访问，因为此时 myown1 空间中的变量已经可见，如果不加限制，编译系统就无法识别是哪一个名字空间中的变量。

2.5　本章小结

C++程序由编译预处理、程序主体和注释组成。C++程序的编译包括编译预处理和正式编译。

C++增加了类、常量 const、引用、作用域运算符和动态存储分配(new 与 delete)。

C++增加了函数引用调用、内联函数、带默认参数的函数和函数重载。对于一些函数体代码不多但又频繁调用的函数，可以定义为内联函数，以提高程序的运行效率。C++允许在定义函数时给其中的某些形参指定默认值。C++采用了函数重载机制，体现了对多态性的支持。即对于具有相似功能的不同函数，可以用相同函数名，编译系统根据参数的不同确定调用哪个函数。

名字空间是为解决 C++ 中的变量、函数的命名冲突而设置的。解决的办法就是将变量或函数定义在不同名字的名字空间中。

2.6 习题

1. 写出下面程序的运行结果。

```cpp
# include < iostream >
using namespace std;
int main()
{
    int *  a;
    int *  &p = a;
    int b = 10;
    p = &b;
    cout << * a << endl;
    cout << * p << endl;
    return 0;
}
```

2. 写出下面程序的运行结果。

```cpp
# include < iostream >
using namespace std;
int main()
{
    int iarray[10] = {0,2,4,6,8,10,12,14,16,18};
    int sum = 0;
    int *  iptr = iarray;
    for(int i = 0;i < 10;i++)
    {
        sum += * iptr;
        iptr++;
    }
    cout <<"sum is:"<< sum << endl;
    return 0;
}
```

3. 写出下面程序的运行结果。

```cpp
# include < iostream >
using namespace std;
int m = 8;
```

```
int add3(int x, int y = 7, int z = m)
{   return x + y + z;   }
int main()
{
    int a = 1, b = 2, c = 3;
    cout << add3(a, b) << endl;
    cout << add3(10) << endl;
    return 0;
}
```

4. 编程求所有的水仙花数。如果一个三位数的个位数、十位数和百位数的立方和等于该数本身,则称该数为水仙花数。

5. 编程求 1000 以内所有素数。要求定义常量 1000。

6. 编写一个可以打印任何一年日历的程序。

7. 在 10000 以内验证哥德巴赫猜想之"1+1"命题:任意大的偶数,都可以表示为两个素数之和。要求定义常量 10000。

8. 编写一个函数,用冒泡法对输入的 10 个整数从小到大排序。要求定义内联函数。

9. 编写一个函数,输入一个十六进制数,输出相应的十进制数。要求定义带默认参数的函数。

10. 将给定的一个二维数组(3×3)转置,即行列互换。

11. 用非递归的函数调用方式求 Fibonacci 数列第 n 项。Fibonacci 数列为 0, 1, 1, 2, 3, 5, 8, 13, …。其通项为:$F_0 = 0, F_1 = 1, F_2 = 1, \cdots, F_n = F_{n-1} + F_{n-2}$ (n≥2)。

12. 编写重载函数 max(),分别返回 char 数组、int 数组、long 数组、float 数组、double 数组和字符串数组的最大元素。

第二部分 C++面向对象技术

本部分以面向对象技术的四大特征为线索展开对C++的讨论。其中，抽象性和封装性通过类与对象(第3章)，以及更高一级的抽象——模板(第6章)来实现，继承性通过继承与派生(第4章)实现，多态性通过重载、虚函数(第5章)实现，C++的输入输出问题通过I/O流(第7章)实现，最后对异常处理(第8章)进行了说明。

第3章

类与对象

　　类是 C++ 面向对象技术中的一个重要概念,它提供了抽象和封装机制,是一种较好的模块化编程手段。从面向对象的观点来看,客观世界就是由一个个独立的对象组成,在程序中,对象存储着数据和相应操作。类对具有共性的对象进行统一描述。本章围绕类的组成与对象的使用展开讨论,首先介绍类的定义、类的成员及访问控制,实现面向对象技术的封装机制,然后介绍类的实现、对象的创建和通过对象访问类成员的方法,介绍类的特殊函数——构造函数、析构函数和复制构造函数,介绍类的特殊成员——静态成员,并且给出一些典型的应用示例,全面展现类这一抽象机制的内核。

3.1　类

　　对象是组成客观世界的基本单元,程序员的主要任务是设计各种各样的对象。在面向对象程序中,并不是将各个具体的对象都进行描述,而是忽略其非本质的特性,找出其共性,将对象划分成不同的类。类可以看成是一种模板,它定义了属于该类的所有对象的共同特征,而对象是类的实例。类是面向对象程序设计的核心,利用它可以实现对象的抽象、数据和操作的封装以及信息的隐蔽。

　　从语言角度来说,类是一种新的数据类型,是一种用户自定义数据类型,而对象是具有这种类型的变量。类是一种将数据和作用于这些数据上的操作组合在一起的复杂数据类型,是可重用的基本单元。

3.1.1　类的定义

　　类定义就是对同类对象的属性和行为进行统一描述。属性用数据表示,行为用函数表示。类中定义的数据称为数据成员,定义的函数则称为成员函数。数据和函数统一称为类成员。

　　类定义一般分为说明部分和实现部分。说明部分说明该类中的成员,实现部分是对成员函数的定义。一般将说明部分放在头文件中,供所有相关应用程序共享,而实现部分放在与头文件同名的源程序文件中,便于修改,也可以将说明部分和实现部分放在同一个源程序文件中。

　　类定义的一般格式如下:

```
class <类名>
{
public:
    <成员函数或数据成员的声明>;
private:
    <数据成员或成员函数的声明>;          说明部分
protected:
    <数据成员或成员函数的声明>;
};
    <各个成员函数的定义>               说明部分
```

其中,class是定义类的关键字,<类名>是用户自定义的标识符,在花括号内的是类的说明部分,说明该类的数据成员和成员函数。关键字public、private和protected是访问权限修饰符。当私有成员放在类中最前面声明时可省略关键字private。

例 3-1　示例学生类的定义。

```
//student.h
class Student                    //定义学生类 Student
{                                //声明类成员
public:
    void input(char * pid,char * pname,int a,float s);
    void chgScore(float s);
    void display();
private:
    char * id;
    char * name;
    int age;
    float score;
};                               //以括号及分号结束,体现封装
```

说明:

(1) 类是抽象定义,因此在类中不允许对数据成员进行初始化。

(2) 类中的数据成员可以是任意数据类型,但不能用存储类型 auto、register 或 extern 进行说明。其他类的对象可以作为该类的成员(称为对象成员或子对象),但自身类的对象不能作为该类的成员,而自身类的对象指针或引用可以作为该类的成员。

需要说明的是,C 的结构体只有变量没有函数,而 C++的结构体不仅有数据成员,还可以有成员函数和访问权限,与类相似。C++类与结构体的唯一区别是,在没有明确访问权限时,结构体的成员是公有的,而类的成员是私有的。在语义上通常用类来描述对象,而结构体仅用来描述结构化的数据。

3.1.2　访问权限控制

从类的定义格式可知,类的封装和隐蔽功能是通过设置类成员的访问权限来控制的。设置访问权限可以隐蔽一些信息,同时又为外部提供访问接口,使用者通过外部接口实现其功能,而对其实现过程并不感兴趣。这样,使得设计者和使用者关心的内容相对独立。

访问权限有三种类型：public、private 和 protected。需要提供给使用者的类成员可设为 public,称为公有成员,可以被程序中任何代码访问;需要隐蔽的类成员可设为 private,称为私有成员,只能被本类成员函数及友元访问,其他函数无法访问,成为一个外部无法访问的黑盒子;而设为 protected 的成员称为保护成员,能被本类成员函数、派生类成员函数和友元访问,其他函数无法访问,相当于一个笼子,具有两面性,对它的派生类而言可以访问,而其他外部则是不可访问的。因此,每个类都应该定义公有成员函数,以便外部访问。

三种访问权限的成员与出现的先后顺序无关,并且允许多次出现,但是一个成员只能具有一种访问属性。在书写时,通常将公有成员放在最前面,因为它们是外部访问时所要了解的,放在前面便于阅读。

例 3-2 示例访问权限控制。

```
//student.h
# ifndef STUDENT_H                //条件编译
# define STUDENT_H
class Student
{
public:                           //公有成员函数,外部接口
    void input(char * pid,char * pname,int a,float s);
    void chgScore(float s);
    void display();
private:                          //私有数据成员,类外不可见
    char * id;
    char * name;
    int age;
    float score;
};
# endif                           //条件编译结束
```

说明:

(1) 类的数据成员一般都声明为私有成员或保护成员,而对数据操作的成员函数一般声明为公有成员或保护成员。这样,既增加了数据的安全性,又使得内部私有数据不会直接受到程序其余部分的影响,程序模块之间的相互作用可以被降低到最小程度,同时又不影响外部对类的访问。

(2) 本例用了条件编译语句 ifndef STUDENT_H,其作用是判断。如果在此之前没有定义这样的宏名,则编译到 endif 之间的所有语句,否则不编译。这样可以防止在大型软件开发或团队开发的程序中的多次包含而带来的编译错误。

3.1.3 成员函数的实现

成员函数是类中描述行为的成员,同时也是对封装的数据进行操作的唯一途径。从类的定义格式可知,一般在类中说明成员函数原型,在类外具体实现成员函数。如果成员函数已经在类中定义,则无须在类外实现。需要注意的是,在类中定义的成员函数自动成为内联函数。

例 3-3 示例在类中实现成员函数。

```
# include < iostream >
```

```cpp
# include <cstring>
using namespace std;
class Student
{
public:                                          //外部接口
    void input(char * pid,char * pname,int a,float s)  //内联函数
    {
        id = new char[strlen(pid) + 1];          //动态申请内存单元
        strcpy(id,pid);                          //将字符串复制到 id 指向的内存单元中
        name = new char[strlen(pname) + 1];
        strcpy(name,pname);
        age = a;
        score = s;
    }
    void chgScore(float s) {score = s;}          //内联函数
    void display()                               //内联函数
    {
        cout <<" id:"<< id << endl;              //成员函数可以访问私有成员
        cout <<" name:"<< name << endl;
        cout <<" age:"<< age << endl;
        cout <<"score:"<< score << endl;
    }
private:                                          //私有成员
    char * id;
    char * name;
    int age;
    float score;
};
```

说明：本例的所有成员函数都是在类中实现的，均自动成为内联函数。若在类外实现，则需要使用作用域运算符"::"，用它来标识某个成员函数是属于哪个类，其定义格式如下：

```
<返回值类型> <类名>::<成员函数名>(<参数表>)
{
    <函数体>
}
```

例 3-4　示例在类外实现成员函数。

```cpp
//student.cpp
# include <iostream>
# include <cstring>
# include "student.h"                            //包含类定义的头文件
using namespace std;
void Student::input(char * pid,char * pname,int a,float s)
{                                                //成员函数的实现
    id = new char[strlen(pid) + 1];
    strcpy(id,pid);
    name = new char[strlen(pname) + 1];
```

```
        strcpy(name, pname);
        age = a;
        score = s;
    }
    void Student::chgScore(float s){score = s;}
    void Student::display()
    {
        cout <<" id:"<< id << endl;            //虽在类外,成员函数仍可访问私有成员
        cout <<" name:"<< name << endl;
        cout <<" age:"<< age << endl;
        cout <<"score:"<< score << endl;
    }
```

说明:在类外定义成员函数时,函数名前面要使用类名来加以限制,标识它和类之间的关系。这种限制正是成员函数与普通函数的区别,利用它可以实现访问权限的控制,虽然在类外定义,但成员函数仍能访问类的任何成员。

由于 Student 类的定义和实现放在了两个不同的文件中,所以类的实现文件 student. cpp 中必须包含类定义头文件 student. h。这样做有以下几点好处。

(1) 类的实现文件通常较大,分开便于阅读、管理和维护。

(2) 成员函数的实现放在类中和类外,在编译时含义是不一样的。若放在类中,则将作为内联函数处理,显然将所有的成员函数作为内联函数是不合适的。因此,在类外实现成员函数可以大大节省空间。

(3) 对软件开发商而言,他们可以向用户提供一些程序模块的接口,而不公开程序的源代码。分开管理就可以很好地解决此问题。

(4) 类定义放在头文件中,以后使用时不必再定义,只需一条包含命令即可,实现了代码重用。

(5) 便于团队对大型软件的分工合作开发。

3.2 对象

类描述了一类对象的数据存储和操作特性。如果把类看作用户自定义的数据类型,那么类的对象就可以看作该类型的变量。

类定义只是提供该类的类型定义,只有定义对象后,编译系统才会在内存预留空间。对象是类的实例,定义对象之前,一定要先说明该对象的类。

3.2.1 对象的定义

对象的定义格式与普通变量相同。其定义格式如下:

```
<类名><对象名表>;
```

其中,<对象名表>中可以有一个或多个对象名。当有多个对象名时,用逗号分隔。<对象名表>中还可以是指向对象的指针或引用,也可以是对象数组。

例 3-5   示例对象的定义。

```
# include "student.h"
int main()
{
    Student s1,s2, * ptr = &s1;              //定义 Student 类的对象 s1、s2 和对象指针 ptr
    //…
}
```

3.2.2　类成员的访问

定义了类及其对象，就可以通过对象来使用其公有成员，从而达到对对象内部属性的访问和修改。对象对其成员的访问有圆点访问形式和指针访问形式。

1. 圆点访问形式

圆点访问形式采用的是成员访问运算符"."，其一般格式如下：

<对象名>.<公有成员>

在类中所有成员之间都可以直接访问，在类外只能访问类的公有成员。值得注意的是，主函数也是类的外部。所以，在主函数中定义的类对象只能访问其公有成员。

例 3-6   示例类成员的访问。

```
//example 3_6.cpp
# include "student.h"
int main()
{
    Student s1;                              //定义 Student 类的对象 s1
    s1.input("03410101","Zhang Hua",19,95); //通过 s1 访问公有成员函数
    s1.display();
    s1.chgScore(90);
    s1.display();
    return 0;
}
```

该程序的运行结果为：

```
    id:03410101
 name:Zhang Hua
   age:19
score:95
    id:03410101
 name:Zhang Hua
   age:19
score:90
```

思考题：在主函数最后添加下面一条语句，其结果将是什么？

```
cout << s1.score << endl;
```

2. 指针访问形式

指针访问形式采用的是成员访问运算符"->",其一般格式如下:

```
<对象指针变量名>-><公有成员>
```

这种表示形式与

```
( * <对象指针变量名>).<公有成员>
```

表示形式是等价的。

例 3-7 示例通过指针访问成员函数。

```cpp
//example 3_7.cpp
# include "student.h"
int main()
{
    Student * ptr = new Student;            //定义对象指针 ptr, * ptr 表示堆对象
    ptr -> input("03410101","zhang hua",19,95);
    ptr -> display();                       //通过指针访问公有成员函数
    ( * ptr).chgScore(90);
    ( * ptr).display();
    return 0;
}
```

说明: * ptr 是堆对象,即在程序运行过程中根据需要随时建立或删除的对象。通过 new、delete 两个运算符来创建或删除堆对象。使用 new Student[]创建对象数组时,不能为该数组指定初始值,其初始值为默认值。

思考题: 如果将主函数中的第一句改为

```cpp
Student * ptr;
```

会出现什么结果? 说明原因。

3.3 构造函数和析构函数

类描述了一类对象的共同特性,而对象是类的实例。每个对象区别于其他对象的地方在于它自身的属性,即数据成员的值。对象在定义的时候可以进行数据成员的设置,称为对象的初始化。同样,在对象使用结束时,还可以进行一些相关的清理工作。C++中对象的初始化和清理工作分别由两个特殊的成员函数来完成,它们就是构造函数和析构函数。

3.3.1 构造函数

构造函数的功能是在定义对象时被编译系统自动调用来为对象分配空间并初始化对象。其定义格式如下:

```
<类名>::<类名>(<参数表>)
{
    <函数体>
}
```

构造函数除了具有一般成员函数的特性之外，还有一些特殊的性质。构造函数的函数名与类名相同，而且没有函数类型。构造函数被定义为公有成员，但是，除了在定义对象时由编译系统自动调用之外，其他任何过程都无法再调用到它，也就是只能一次性地影响对象数据成员的初值。

例 3-8 示例构造函数。在类的定义和类的实现中分别加入构造函数的声明和实现，并在主函数中声明对象。

```cpp
//student.h
class Student
{
public:
    Student(char * pid,char * pname,int a,float s);        //构造函数的声明
//...
private:
    char * id;
    char * name;
    int age;
    float score;
}
//student.cpp
//...
Student::Student(char * pid,char * pname,int a,float s)    //构造函数的实现
{
    id = new char[strlen(pid) + 1];
    strcpy(id,pid);
    name = new char[strlen(pname) + 1];
    strcpy(name,pname);
    age = a;
    score = s;
}
//example 3_8.cpp
#include "student.h"
int main()
{
    Student s1("03410101","Zhang Hua",19,95);            //自动调用构造函数创建对象
    s1.display();
    Student s2("03410102","Li Ying",20,90);              //自动调用构造函数创建对象
    s2.display();
    return 0;
}
```

说明：该例中的构造函数代替了原来 input() 函数的作用。注意两种函数的区别。

思考题：对象 s1 和 s2 的内存空间的大小是多少？

从运行结果分析,每个对象都有一份自己的数据成员,用来标识各对象。在主函数中加上一句:

```
cout << sizeof(Student)<<","<< sizeof(s1)<<","<< sizeof(s2)<< endl;
```

其结果为:

```
16,16,16
```

由此说明,各对象空间中只有数据成员,没有成员函数。类的成员函数只有一个备份,由对象共享。

当一个对象调用非静态成员函数时,编译系统先将该对象的首地址赋给 this 指针,自动添加到成员函数的参数表中,从而在调用成员函数时,通过 this 指针访问该对象的数据成员。也可显式地使用 this 指针:

```
Student::Student(char * pid,char * pname,int a,float s)      //构造函数的实现
{
    this -> id = new char[strlen(pid) + 1];
    strcpy(this -> id, pid);
    this -> name = new char[strlen(pname) + 1];
    strcpy(this -> name, pname);
    this -> age = a;
    this -> score = s;
}
```

说明:this 指针是一个特殊的隐含指针。通常不显式地使用 this 指针来调用数据成员。可以用 * this 标识调用该成员函数的当前对象。

注意:this 指针是一个 const 指针,成员函数不能对其进行赋值。

前面的例子中都没有定义构造函数,那么它们的对象是怎么创建的呢?事实上,如果在类中没有显式定义构造函数,那么编译系统就会自动生成一个默认形式的构造函数,这个构造函数的功能仅用于创建对象。其格式如下:

```
<类名>::<类名>(){}
```

总结起来,构造函数的特点如下。

(1) 构造函数是成员函数,函数体可写在类中,也可写在类外。

(2) 构造函数的函数名与类名相同,且不指定返回值类型,它有隐含的返回值,该值由编译系统内部使用。

(3) 构造函数可以没有参数,也可以有参数,允许重载,即可以定义参数不同的多个构造函数。

(4) 在定义对象时编译系统自动调用构造函数,不能显式调用构造函数。

(5) 每个类都必须有一个构造函数。如果类中没有显式定义构造函数,则编译系统自动生成一个默认形式的构造函数,作为该类的公有成员;如果类中显式定义了构造函数,则系统不再提供默认形式的构造函数。

```
# include "student.h"
```

```
int main()
{
    Student s1("03410101","Zhang Hua",19,95);   //自动调用构造函数创建对象
    s1.display();
    Student s2;                                  //希望调用默认的构造函数创建对象
    s2.display();
    return 0;
}
```

编译程序会显示主函数第 4 行有错误"没有适当的默认构造函数可用"：

error C2512: 'Student' : no appropriate default constructor available

这是因为程序中显式定义了构造函数，系统将不再提供默认的构造函数，因此，需要再定义一个无参构造函数，与有参构造函数形成函数重载：

```
Student(char * pid,char * pname,int a,float s);   //有参构造函数的声明
Student();                                        //有参构造函数的声明
```

思考题：在主函数中定义一个无参对象"Student s2；"，请读者自行完善程序。

除此之外，还可以用带默认参数的函数来解决这个问题。

```
//student. h
class Student
{
public:
    Student(char * pid = "",char * pname = "",int a = 0,float s = 0.0);
    //…
}
# include "student. h"
int main()
{
    Student s1("03410101","Zhang Hua",19,95);   //自动调用构造函数创建对象
    s1.display();
    Student s2;                                  //自动调用带默认参数构造函数创建对象
    S2.display();
    return 0;
}
```

思考题：该程序运行结果是什么？

3.3.2　析构函数

析构函数的功能是在对象的生存期即将结束的时刻，由编译系统自动调用来完成一些清理工作。

析构函数也是类的一个公有成员函数，它的名称是由类名前面加"～"构成，也不指定返回值类型。和构造函数不同的是，析构函数不能有参数，因此不能重载。其定义格式如下：

```
<类名>::～<类名>()
{
    <函数体>
}
```

例 3-9 定义学生类,示例析构函数和重载构造函数。

```cpp
//student.h
# include <iostream>
# include <cstring>
using namespace std;
class Student
{
public:
    Student();                                      //无参数构造函数的声明
    Student(char * pid,char * pname,int a,float s); //带参数构造函数的声明
    void chgId(char * pid);
    void chgName(char * pname);
    void chgAge(int a){age = a;}                    //内联函数
    void chgScore(float s){score = s;}              //内联函数
    void display();
    ~Student();                                     //析构函数的声明
private:
    char * id;
    char * name;
    int age;
    float score;
};
//student.cpp
# include "student.h"
Student::Student()                                  //无参数构造函数的实现
{
    id = new char[9];
    strcpy(id,"00000000");
    name = new char[11];
    strcpy(name,"noname");
    age = 0;
    score = 0;
}
Student::Student(char * pid,char * pname,int a,float s) //带参数构造函数的实现
{
    id = new char[strlen(pid) + 1];
    strcpy(id,pid);
    name = new char[strlen(pname) + 1];             //动态申请内存单元
    strcpy(name,pname);
    age = a;
    score = s;
}
void Student::chgId(char * pid)                     //成员函数的类外实现
{
    delete[] id;                                    //释放原来动态申请的内存空间
    id = new char[strlen(pid) + 1];                 //重新申请所需要的内存空间
    strcpy(id,pid);
}
void Student::chgName(char * pname)
{
```

```
        delete[ ] name;
        name = new char[strlen(pname) + 1];
        strcpy(name,pname);
}
void Student::display()
{
        cout << endl <<" id:"<< id << endl;
        cout <<" name:"<< name << endl;
        cout <<" age:"<< age << endl;
        cout <<"score:"<< score << endl;
}
Student::~Student()
{
        delete[ ] name;                        //释放用 new 申请的内存单元
        delete[ ] id;                          //方括号表示将字符串所占用的空间全部释放掉
}
//example 3_9.cpp
# include "student.h"
int main()                                     //主函数
{
        Student s2;                            //调用无参数构造函数创建对象 s2
        s2.display();                          //显示通过无参构造函数创建对象的信息
        s2.chgId("03410101");                  //调用公有成员函数给对象 s2 赋值,下同
        s2.chgName("Wang Min");
        s2.chgAge(20);
        s2.chgScore(85);
        s2.display();                          //显示赋值后的对象信息
        Student s1("03410101","Zhang Hua ",19,95);  //调用带参数构造函数创建并初始化对象 s3
        s1.display();
        return 0;
}
```

该程序的运行结果为：

```
    id:00000000
  name:noname
    age:0
 score:0

    id:03410101
  name:Wang Min
    age:20
 score:85

    id:03410101
  name:Zhang Hua
    age:19
 score:95
```

说明：定义对象时,根据给定的参数决定调用无参数构造函数还是带参数构造函数。在执行完程序的最后一条语句（对象的生存期结束）后,编译系统自动调用析构函数,执行完

析构函数后,再由编译系统收回对象所占用的内存。

注意:析构函数并不能收回对象本身所占用的内存。另外,如果在构造函数中用 new 为对象动态分配空间,则在析构函数中用 delete 进行释放,以回收所占内存空间。

如果希望程序在对象被删除之前自动完成某些任务,就可以把它们写到析构函数中。例如,在 Windows 操作系统中,每一个窗口就是一个对象,在窗口关闭之前,需要保存显示于窗口中的内容,就可以在析构函数中完成。

总结起来,析构函数的特点如下。

(1) 析构函数是成员函数,函数体可以写在类中,也可以写在类外。

(2) 析构函数的函数名与类名相同,并在前面加"~"字符,用来与构造函数加以区别。析构函数不指定返回值类型。

(3) 析构函数没有参数,因此不能重载,即一个类中只能定义一个析构函数。

(4) 每个类都必须有一个析构函数。如果类中没有显式定义析构函数,则编译系统自动生成一个默认形式的析构函数,作为该类的公有成员。其格式如下:

```
<类名>::~<类名>(){}
```

(5) 析构函数在对象生存期结束前由编译系统自动调用。

① 如果一个对象定义在一个函数体内,则函数结束时系统自动调用析构函数。

② 用 new 运算符动态创建的对象,用 delete 运算符释放时系统自动调用析构函数。

例 3-10 定义复数类,示例析构函数和带默认参数的构造函数。注意构造函数和析构函数的调用顺序。

```cpp
//example 3_10.cpp
# include < iostream >
# include < cmath >
using namespace std;
class Complex                                    //定义复数类
{
public:
    Complex(double r = 0.0, double i = 0.0);     //带默认参数构造函数的声明
    ~Complex();                                  //析构函数的声明
    double abscomplex();                         //求复数的绝对值
private:
    double real;
    double imag;
};
Complex::Complex(double r, double i)             //构造函数的实现
{
    cout <<"constructing..."<< endl;             //显示提示信息,以便了解调用时机
    real = r; imag = i;
    cout <<"real:"<< real <<", imag:"<< imag << endl;
}
Complex::~Complex()                              //析构函数的实现
{
    cout <<"destructing...";                     //显示提示信息,以便了解调用时机
```

```
        cout <<"real:"<< real <<",imag:"<< imag << endl;
}
double Complex::abscomplex()                        //成员函数的实现
{
        double t;
        t = real * real + imag * imag;
        return sqrt(t);
}
int main()
{
        Complex a(1.1,2.2),b = a;                   //定义复数类对象a,自动调用构造函数
        cout <<"abs of complex A = "<< a.abscomplex()<< endl; //对象a调用成员函数
        cout <<"abs of complex B = "<< b.abscomplex()<< endl; //对象b调用成员函数
        return 0;                                   //在程序结束前自动调用析构函数
}
```

该程序的运行结果为：

```
constructing...
real:1.1,imag:2.2
abs of complex a = 2.45967
abs of complex b = 2.45967
destructing...real:1.1,imag:2.2
destructing...real:1.1,imag:2.2
```

说明：调用构造函数的顺序与创建对象的顺序相同，而调用析构函数的顺序与创建对象的顺序相反，即先析构对象b，再析构对象a。另外，执行析构函数时，仍能显示对象的值，说明对象非动态申请的空间不是由析构函数释放的。值得说明的是，在C++标准库中，已经为用户提供了与复数有关的库函数，它们包含在< complex >头文件中。在实际应用中，用户只需要将此头文件包含到源程序文件中。

思考题：例3-10定义了两个对象，为什么只执行了一次构造函数？对象b是如何构建的？

事实上，例3-10中对象b是由复制构造函数创建的。

3.3.3　复制构造函数

复制构造函数是一种特殊的构造函数，它的功能是用一个已知对象初始化一个同类的对象。其中复制构造函数的参数是已知对象的引用。复制构造函数的定义格式如下：

```
<类名>(const <类名> & <对象名>)
{
     <函数体>
}
```

例 3-11　示例复制构造函数。

```
//example 3_11.cpp
# include < iostream >
```

```
using namespace std;
class TAdd
{
public:
    TAdd(int a, int b)                          //构造函数
    {
        x = a; y = b;
        cout <<"constructor. "<< endl;
    }
    TAdd(const TAdd& p)                         //复制构造函数
    {
        x = p. x; y = p. y;
        cout <<"copy constructor. "<< endl;
    }
    ~TAdd()                                     //析构函数
    {
        cout <<"destructor. "<< endl;
    }
    int add(){return x + y;}                    //成员函数
private:
    int x, y;
};
int main()
{
    TAdd p1(2,3);                               //自动调用构造函数创建对象 p1
    TAdd p2(p1);                                //自动调用复制构造函数创建对象 p2,用已知
                                                //对象 p1 初始化对象 p2
    cout <<"p2:a + b = "<< p2. add()<< endl;    //对象 p2 调用公有成员函数
    return 0;                                   //在程序结束前自动调用析构函数
}
```

该程序的运行结果为：

```
constructor.
Copy constructor.
p2:a + b = 5
destructor.
destructor.
```

思考题：如果不定义复制构造函数，其结果如何？

如果没有显式定义复制构造函数，编译系统就会自动生成一个默认形式的复制构造函数，其功能是把已知对象的每个数据成员的值都复制到新定义的对象中，而不做其他处理。其格式如下：

<类名>(const <类名>& <对象名>){…}

例 3-12 示例复制构造函数。

```
//student.h
# include < iostream >
```

```
# include <cstring>
using namespace std;
class Student
{
public:
    Student(char * pid, char * pname, int a, float s);      //构造函数的声明
    Student(const Student& init);                            //复制构造函数的声明
    //…
    ～Student();                                             //析构函数的声明
private:
    char * id;
    char * name;
    int age;
    float score;
};

//student.cpp
# include "student.h"
Student::Student(char * pid, char * pname, int a, float s)    //构造函数的实现
{
    id = new char[strlen(pid) + 1];
    strcpy(id, pid);
    name = new char[strlen(pname) + 1];
    strcpy(name, pname);
    age = a;
    score = s;
}
Student::Student(const Student& init)                         //复制构造函数的实现
{
    id = new char[strlen(init.id) + 1];
    strcpy(id, init.id);
    name = new char[strlen(init.name) + 1];
    strcpy(name, init.name);
    age = init.age;
    score = init.score;
}
//…
Student::～Student()                                          //析构函数的实现
{
    delete[] name;
    delete[] id;
}

//example 3_12.cpp
# include "student.h"
int main()                                                    //主函数
{
    Student s1("03410101", "Zhang Hua ", 19, 95);             //调用构造函数创建对象 s1
    s1.display();
    Student s2(s1);                                           //调用复制构造函数,用 s1 的数据初始化对象 s2
    s2.display();
```

```
        return 0;
}
```

思考题：如果不定义复制构造函数，其结果如何？为什么？与例 3-11 比较。

在例 3-12 中，如果不显式定义复制构造函数，则会出错：

Debug Assertion Failed!
For information on how your program can cause an assertion failure, see the Visual C++ documentation on asserts.

系统显示调式环境下断言失败提示对话框，由释放内存时，内存块头部结构非法引发。通常是由于内存被多次释放所致。

```
_ASSERTE(_BLOCK_TYPE_IS_VALID(pHead->nBlockUse));
```

检查内存块是否为有效的内存块。由于内存已经被释放，内存块头部结构已经被破坏，因此，该断言将失败，导致出现 Visual C++调式对话框。

分析原因可知，在创建对象 s2 时，调用默认复制构造函数并用对象 s1 对其进行初始化，致使对象 s2 中的指针变量和对象 s1 中的指针变量指向同一堆内存空间，当一个对象生命期结束而调用析构函数释放内存空间后，另一个对象中的指针变量被"悬空"，从而无法正常运行。

在默认复制构造函数中，复制的策略是逐个成员依次复制，但是，一个类可能会拥有资源（如堆内存），这时就出现了两个对象拥有同一个资源的情况；当对象析构时，该资源将经历两次资源返还，但只有一个资源，第二次返还时已无资源，因此编译系统报错。

这种在用一个对象初始化另一个对象时只复制了成员的值，并没有复制资源，使两个对象的指针成员同时指向了同一资源的复制方式称为浅复制，如图 3-1 所示。如果不存在资源矛盾，那么程序能正常运行（如例 3-11）。

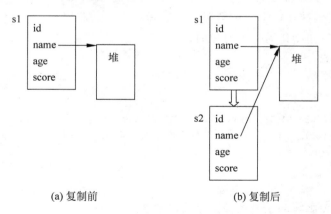

(a) 复制前   (b) 复制后

图 3-1　浅复制示意图

当一个对象创建时，动态分配了资源，这时必须显式定义复制构造函数（如例 3-12）。这种在用一个对象初始化另一个对象时不仅复制了成员的值，也复制了资源的复制方式称为**深复制**，如图 3-2 所示。

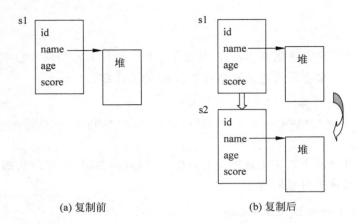

(a) 复制前   (b) 复制后

图 3-2　深复制示意图

上述资源均指堆内存。其实，堆内存并不是唯一需要复制构造函数的资源，但它是最常用的一个。另外，打开文件、占有硬设备（如打印机）服务等也需要深复制。因为它们也是必须返还的资源，所以如果类需要析构函数释放资源时，则类也需要显式定义一个复制构造函数进行深复制。

注意：在 C++ 中，赋值与初始化是有区别的。赋值是给现有的对象一个新的值，一个对象可以被赋值多次，但初始化对象只能一次，且在创建对象时完成。

总结起来，复制构造函数的特点如下。

（1）复制构造函数是成员函数，函数体可写在类中，也可以写在类外。

（2）复制构造函数名与类名相同，并且也不指定返回值类型。

（3）复制构造函数只有一个参数，并且是同类对象的引用。

（4）每个类都必须有一个复制构造函数。如果类中没有显式定义复制构造函数，则编译系统自动生成一个默认形式的复制构造函数，作为该类的公有成员。

（5）复制构造函数在以下三种情况下由编译系统自动调用。

① 当同类对象初始化另一个对象时。

例如：

```
int main()
{
    Student s1("03410101","Zhang Hua ",19,95);
    Student s2(s1);              //用对象 s1 初始化对象 s2,复制构造函数被调用
    s2.display();
    return 0;
}
```

② 当对象作为函数的实参传递给函数的形参时。

例如：

```
void f(Student s)
{
    s.display();
}
```

```
int main()
{
    Student s1("03410101","Zhang Hua ",19,95);
    f(s1);                          //函数的形参为对象,当调用函数时,复制构造函数被调用
    return 0;
}
```

③ 当函数的返回值是对象,函数调用完成,其返回值用来初始化另一个对象时。
例如:

```
Student g()
{
    Student s1("03410101","Zhang Hua ",19,95);
    return s1;                      //函数的返回值是对象
}
int main()
{
    Student s2 = g();               //用函数返回对象初始化 s2,调用复制构造函数
    return 0;
}
```

总之,当已知对象初始化另一个对象时,自动调用复制构造函数。

3.4 静态成员

静态成员是解决同一个类的不同对象之间的数据和函数共享问题。静态成员是类的所有对象共享的成员,而不是某个对象的成员,它在对象中不占存储空间。静态成员分为静态数据成员和静态成员函数。例如,学生类中学生人数和对学生人数进行统计的成员函数,是所有学生共享的成员,不属于某个学生。

3.4.1 静态成员的定义

静态成员是类的成员,因此定义在类中。其定义格式如下:

```
static <静态成员的定义>;
```

例 3-13 示例静态成员的定义。

```
//student1.h
# include < iostream >
# include < cstring >
using namespace std;
class Student
{
public:
    Student(char *  pname = "no name");
    ~Student();
    static int number()                             //静态成员函数
```

```
        {
            return total;                     //返回静态数据成员的值
        }
protected:                                    //保护数据成员
        static int total;                     //静态数据成员,代表学生人数
        char name[11];
};
//student1.cpp
# include "student1.h"
Student::Student(char * pname)
{
        cout <<"create one student "<< endl;  //自动调用构造函数时显示提示信息
        strcpy(name,pname);
        total++;                              //每创建一个对象,学生人数增1
        cout << total << endl;
    }
    Student::~Student()
    {
        cout <<"destruct one student"<< endl; //自动调用析构函数时显示提示信息
        total -- ;                            //每析构一个对象,学生人数减1
        cout << total << endl;
    }
```

对于类的普通数据成员,每一个对象都各自拥有一个副本,分别存储对象的值。但是,对于静态数据成员,每个类只要一个副本,由所有对象共同维护和使用,从而实现了同一个类的不同对象之间的数据共享。也就是说,静态成员属于类,但不存在于对象空间中。

3.4.2　静态数据成员的初始化

静态数据成员必须进行初始化。程序开始运行时静态数据成员就必须存在,因为在程序运行中要调用,所以静态数据成员不能在任何函数内分配存储空间和初始化。最好在类的实现部分完成静态数据成员的初始化。

静态数据成员初始化与一般数据成员初始化不同。其格式如下:

<类型> <类名>::<静态数据成员> = <值>;

3.4.3　静态成员的调用

由于静态成员属于类,所以用类名加作用域运算符调用静态成员。其格式如下:

<类名>::<静态成员>

例 3-14　示例静态成员的初始化和调用。

```
//student1.cpp
# include "student1.h"
int Student::total = 0;                       //在类的实现部分中给静态数据成员分配空间和初始化
```

```
//…
//example 3_14.cpp
# include "student1.h"
void fn()                                //普通函数
{
    Student s1;
    Student s2;
    cout << Student::number()<< endl;    //调用静态成员函数用类名引导
}
int main()
{
    cout << Student::number()<< endl;    //此时无对象,但静态成员存在
    fn();
    cout << Student::number()<< endl;    //fn()中定义的对象已不存在,但静态成员仍存在
    return 0;
}
```

该程序的运行结果为:

```
0
create one student
1
create one student
2
2
destruct one student
1
destruct one student
0
0
```

说明:静态成员不依赖对象而存在。程序开始没有定义对象时仍能访问静态成员;在调用函数 fn()返回主函数后,局部对象 s1 和 s2 已不存在,但仍能访问静态成员。随着对象的产生,每个对象都有一个 name 值。但无论对象有多少,甚至没有,静态成员也只有一个,为所有对象所共享。在对象空间中没有静态数据成员 total,静态数据成员的空间不会随着对象的产生而分配,或随着对象的消失而回收。所以它的空间分配不在构造函数里完成,并且空间回收也不在析构函数里完成。

思考题:可否将例中的 Student::number()换成 s1.number()或 s2.number()?

值得注意的是,静态成员函数可以直接访问该类的静态数据成员和静态成员函数,但不能直接调用类中的非静态成员。如果静态成员函数要使用非静态成员时,可以通过对象来调用。

例 3-15 示例静态成员函数通过对象访问非静态成员。

```
//example 3_15.cpp
# include < iostream >
using namespace std;
class Tc
{
public:
```

```
        Tc(int c){a = c;b += c;}
        static void display(Tc C)              //静态成员函数,通过对象c调用非静态成员
        {
            cout <<"a = "<< C.a <<",b = "<< b << endl;
        }
private:
        int a;
        static int b;                          //静态数据成员
};
int Tc::b = 2;                                 //静态数据成员的初始化
int main()
{
        Tc A(2),B(4);
        Tc::display(A);                        //对象 A 作为调用函数的参数
        Tc::display(B);                        //对象 B 作为调用函数的参数
        return 0;
}
```

该程序的运行结果为：

```
a = 2,b = 8
a = 4,b = 8
```

思考题：将例 3-15 中静态成员函数中形参改为对象引用($Tc\ \&C$)，其运行结果如何？

采用静态成员函数有以下三方面的好处：一是用类去访问静态成员函数，不必用对象，节省空间；二是静态成员函数只能直接访问该类中的静态数据成员，可以保证不会对该类的其余数据成员造成负面影响；三是同一个类只有一个静态成员函数的副本，节约了系统的开销，提高了程序的运行效率，这一点在大规模使用静态成员函数时尤为明显。

3.5 应用举例

例 3-16 示例对象的创建。定义一个 CStack 类，该类用于存储字符。

```cpp
//example 3_16.cpp
# include < iostream >
using namespace std;
const SIZE = 10;
class CStack
{
        char stk[SIZE];                        //默认为私有成员
        int position;
public:
        void init(){position = 0;}             //内联函数
        char push(char ch);
        char pop();
};
char CStack::push(char ch)
{
        if(position == SIZE)
```

```
    {
        cout << endl <<"stack is full."<< endl;
        return 0;
    }
    stk[position++] = ch;
    return ch;
};
char CStack::pop()
{
    if(position == 0)
    {
        cout << endl <<"stack is null."<< endl;
        return 0;
    }
    return stk[ -- position];
};
int main()
{
    CStack s;                        //定义对象 s
    s.init();                        //对象 s 调用公有成员函数
    char ch;
    cout <<"Please input characters:";
    cin >> ch;
    while(ch!= '!'&&s.push(ch))
        cin >> ch;
    cout <<"data in stack:";
    while(ch = s.pop())
        cout << ch;
    return 0;
}
```

该程序的运行结果为：

```
Please input characters:abcdefgh!↙
data in stack:hgfedcba
stack is null.
```

说明：该类没有显式定义构造函数和析构函数。

例 3-17 示例构造函数和析构函数。计算输入的字符个数。

```
//example 3_17.cpp
# include < iostream >
# include < conio.h >
using namespace std;
class Count                        //定义 Count 类
{
public:
    Count();                       //构造函数的声明
    ~Count();                      //析构函数的声明
    void process();
private:
```

```
    int num;
};
Count::Count()                                    //构造函数的实现
{
    num = 0;
}
Count::~Count()                                   //析构函数的实现
{
    cout <<"The length of sentence:"<< num << endl;
}
void Count::process()
{
    while(getche()!= '\r') num++;                 //计算输入的字符个数
    cout << endl;
}
int main()
{
    cout <<"Please input a sentence:"<< endl;
    Count c;                                      //在定义对象时自动调用构造函数
    c.process();                                  //该函数执行完毕,自动调用析构函数释放对象 c
    return 0;
}
```

该程序的运行结果如下:

```
Please input a sentence:
Good morning.↙
The length of sentence:13
```

例 3-18 示例对象数组。

```
//example 3_18.cpp
# include < iostream >
using namespace std;
class CPoint
{
public:
    CPoint(int x0, int y0 = 0){x = x0; y = y0;}   //带默认参数的构造函数
    CPoint(){x = 0; y = 0;}                       //无参数构造函数
    void init(int x0 = 0, int y0 = 0){x = x0; y = y0;}
    void print(){cout << x <<" "<< y << endl;}    //输出私有数据成员
private:
    int x, y;
};
int main()
{
    CPoint * ptr = new CPoint[5];                 //ptr 是对象指针,为对象(* ptr)动态申请存储空间
    int x, y;
    if(!ptr)
    {
        cout <<"allocation failure"<< endl;
        return;
```

```
    }
    cout <<"please input a data:";
    for(int k = 0;k < 5;k++,ptr++)            //为对象数组各元素赋值
    {
        cin >> x >> y;
        ptr -> init(x,y);
    }
    cout <<"output:"<< endl;
    for(k = 0;k < 5;k++)
        ( -- ptr) -> print();
    delete[ ] ptr;                            //释放为动态申请的存储空间
    return 0;
}
```

该程序的运行结果为：

```
please input a data:1 2 3 4 5 6 7 8 9 10↙
output:
9 10
7 8
5 6
3 4
1 2
```

说明：执行主函数第一条语句，系统自动调用无参构造函数创建对象数组，并将首地址赋给指针变量 ptr。

思考题：如果去掉无参构造函数，其结果如何？

例 3-19 示例对象用作函数参数和函数返回值。

```
//example 3_19.cpp
# include < iostream >
# include < cstring >
using namespace std;
class CStrtemp
{
    char *  str;                              //私有数据成员
public:
    CStrtemp(char *  s)
    {
        str = new char[strlen(s) + 1];        //为 str 分配存储空间
        if(!str)
        {
            cerr <<"Allocationg Error"<< endl; //cerr 是标准流对象,参看第 7 章
            exit(1);                          //退出程序
        }
        strcpy(str,s);                        //将字符串复制到 str 指向的存储空间中
    }
    CStrtemp(const CStrtemp&);                //复制构造函数的声明,省略形参
    ~CStrtemp()                               //析构函数
    {
        if(str!= NULL)delete[ ] str;          //释放 str 指向的存储空间
```

```
    }
    void show()                             //成员函数
    {
        cout << str << endl;
    }
    void set(char *  s);                    //赋值新串
};
CStrtemp::CStrtemp(const CStrtemp& temp)    //复制构造函数的实现
{
    str = new char[strlen(temp.str) + 1];
    if(!str)
    {
        cerr <<"error in apply new space."<< endl;
        exit(1);
    }
    strcpy(str,temp.str);
}
void CStrtemp::set(char *  s)               //成员函数的实现
{
    delete[] str;
    str = new char[strlen(s) + 1];
    if(!str)
    {
        cerr <<"Allocation Error"<< endl;
        exit(1);
    }
    strcpy(str,s);
}
CStrtemp Input(CStrtemp temp)               //对象用做函数参数,返回值也是对象
{
    char s[20];
    cout <<"Please input the string:";
    cin >> s;                               //输入新字符串
    temp.set(s);
    return temp;
}
int main()
{
    CStrtemp A("hello");                    //用字符串"hello"初始化对象 A
    A.show();
    CStrtemp B = Input(A);                  //用 Input 的函数值初始化对象 B
    A.show();
    B.show();
    return 0;
}
```

该程序的运行结果为：

```
hello
Please input the string:abcd↙
hello
```

abcd

说明：程序中,实参对象在函数调用过程中没有发生变化。这是因为在调用 Input()函数时,编译系统用对象 A 去创建形参对象 temp,调用了复制构造函数,对象 A 的数据复制给了对象 temp。在 Input()函数中,执行 temp.set(s)语句,为对象 temp 中的数据成员 str 申请了动态存储空间,并设置了输入的字符串,并没有改变实参 A 中的数据成员 str 的存储空间,因此在执行语句 A.show()后输出的字符串并没有改变。在函数调用结束时,将对象 temp 作为函数的返回值来创建对象 B,这时,编译系统又调用了复制构造函数,将对象 temp 的数据复制给了对象 B。所以对象 B 的数据成员 str 的值是调用 Input()函数时输入的字符串。

思考题：程序中分别调用了几次构造函数、析构函数和复制构造函数?

例 3-20 示例对象指针用作函数参数。

将例 3-19 中 Input()和 main()函数修改为:

```
CStrtemp Input(CStrtemp * temp)          //对象指针用作函数参数
{
    char s[20];
    cout <<"Please input the string:";
    cin >> s;                            //输入新字符串
    temp -> set(s);                      //指针访问成员函数
    return * temp;                       //返回指针所指向的对象
}
int main()
{
    CStrtemp A("hello");                 //用字符串"hello"初始化对象 A
    A.show();
    CStrtemp B = Input(&A);              //用对象指针所指向的对象初始化对象 B
    A.show();
    B.show();
    return 0;
}
```

该程序的运行结果为:

```
hello
Please input the string:abcd
abcd
abcd
```

说明：程序运行后,对象 A、B 输出的字符串相同。这是因为函数参数传递采用了传地址方法。

思考题：将函数参数改为对象的引用,其结果如何?

例 3-21 示例对象成员(或子对象或类的聚集)。定义线段距离 Distance 类描述屏幕上两个点之间的距离,用 Point 类来描述点。Distance 类的数据成员包括 Point 类的两个对象 p1 和 p2。该类的主要功能是计算两点的距离,在构造函数中实现。

```
//example 3_21.cpp
# include < iostream >
```

```
#include<cmath>
using namespace std;
class Point                              //定义 Point 类
{
public:
    Point(int xx = 0, int yy = 0){X = xx; Y = yy;}
    Point(const Point& p);
    int GetX(){return X;}
    int GetY(){return Y;}
private:
    int X, Y;
};
Point::Point(const Point& p)             //复制构造函数的实现
{
    X = p.X;
    Y = p.Y;
    cout <<"In Point copy constructor."<< endl;
}
class Distance                           //定义 Distance 类
{
public:
        Distance(Point xp1, Point xp2);
        double GetDis(){return dist;}
private:
        Point p1, p2;                    //对象成员 p1, p2
        double dist;
};
//构造函数中通过调用复制构造函数初始化对象成员 p1, p2
Distance::Distance(Point xp1, Point xp2):p1(xp1), p2(xp2)
{
        cout <<"in Distance copy constructor."<< endl;
        double x = double(p1.GetX() - p2.GetX());
        double y = double(p1.GetY() - p2.GetY());
        dist = sqrt(x * x + y * y);
}
int main()
{
    Point myp1(2,2), myp2(5,6);          //定义 Point 类的对象 myp1, myp2
    Distance myd(myp1, myp2);            //定义 Distance 类的对象 myd
    cout <<"The distance is:";
    cout << myd.GetDis()<< endl;
    return 0;
}
```

该程序的运行结果为：

```
-----------------------------
In Point copy constructor.
In Point copy constructor.
In Point copy constructor.
In Point copy constructor.
```

In Distance copy constructor.
The distance is:5

说明：运行程序时，首先创建两个 Point 类的对象，然后定义 Distance 类的对象 myd，最后输出两点的距离。在整个运行过程中，Point 类的复制构造函数被调用了 4 次。两点的距离由 Distance 类的构造函数求得，存放在其私有数据成员 dist 中，外部只能通过公有成员函数 GetDis()访问。

例 3-22 示例对象成员数组。定义选课类和学生类，其中学生类中包含选课类对象。学生类的属性有姓名、所选课程名、选课门数，行为有获取学生姓名、获取所选课程门数、设置选修课程、获取选修课程名；选课类的属性有所选课程名，行为有增加选修课程、获取选修课程名。

```cpp
//example 3_22.cpp
# include <iostream>
# include <cstring>
using namespace std;
class CSelectLesson                          //定义选课类
{
public:
    CSelectLesson();
    CSelectLesson(char * );
    void setLesson(char * lesname);          //设置选修课程
    char * GetLesson(){return LessonName;}   //获取选修课程名
    ~CSelectLesson();
private:
    char * LessonName;                       //课程名
};
CSelectLesson::CSelectLesson(char * lesson)
{
    LessonName = new char [strlen(lesson) + 1];
    strcpy(LessonName,lesson);
}
CSelectLesson::CSelectLesson()
{
    LessonName = NULL;
}
void CSelectLesson::setLesson(char * lesname)
{
    LessonName = new char[strlen(lesname) + 1];
    strcpy(LessonName,lesname);
}
CSelectLesson::~CSelectLesson()
{
    delete[] LessonName;
}
class Student                                //定义学生类
{
public:
```

```
        Student(char * str, int value)
        {
            selectNumher = 0;
            strcpy(name, str);
            StudentID = value;
        }
        ~Student(){}                            //析构函数,可省略
        void AddLesson(char * lesson);          //增加选修课程
        char * GetLesson(int index)             //获取选修课程名
        {
            return SelectLessonName[index].GetLesson();
        }
        char * GetStudentName(){return name;}
        int GetSelectNum()                      //获取选修课程门数
        {
            return selectNumher;
        }
    private:
        int StudentID;
        char name[20];
        CSelectLesson SelectLessonName[5];      //对象成员数组
        int selectNumher;
    };
    void Student::AddLesson(char * lesson)
    {
        if(selectNumher < 4)                    //最多选 5 门课
            SelectLessonName[selectNumher++].setLesson(lesson);
    }
    int main()
    {
        Student student1("Wangli", 201);        //定义学生 Wangli
        student1.AddLesson("Computer");         //增加一门选修课:计算机
        student1.AddLesson("English");          //增加一门选修课:英语
        int number = student1.GetSelectNum();   //统计选修课门数
        cout << student1.GetStudentName()<<" course is:";
        for(int i = 0; i < number; i++)
            cout << student1.GetLesson(i)<<" ";  //输出所选课程名
        cout << endl;
        return 0;
    }
```

该程序的运行结果为：

```
Wangli course is:Computer English
```

　　说明：程序中创建了一个 Student 类的对象 student1,编译系统为对象中的成员分配相应的空间,并自动调用选课类 CSelectLesson 的构造函数创建对象成员数组 SelectLessonName[],然后再调用对象 student1 的构造函数。

　　一般来说,在类中出现了对象成员时,创建本类对象既要对本类的数据成员进行初始化,又要对对象成员进行初始化。这时,先调用对象成员的构造函数,等全部对象成员初始

化完成之后,才调用本类的构造函数。析构函数的调用顺序刚好相反。如果调用本类默认形式的构造函数,那么也只能调用对象成员的默认形式的构造函数。

例 3-23 示例前向引用声明。

```
class B;                              //前向引用声明 B 类
class A                               //定义 A 类
{
public:
    void f(B b);                      //以 B 类对象 b 为形参的成员函数
};
class B                               //定义 B 类
{
public:
    void g(A a);                      //以 A 类对象 a 为形参的成员函数
};
```

说明:在处理较复杂问题时,可能遇到两个类相互引用的情况,这时有一个类在定义之前就被使用,而类应当先声明,然后再使用。解决这一问题的方法是使用前向引用声明。前向引用声明是在使用未定义的类之前对该类进行声明,类的具体定义可以在程序的其他地方。该程序的第一行,就给出了类 B 的前向引用声明,表明 B 是一个类,它具有类的一切属性,具体的定义在其他地方。

思考题:指出对象成员、前向引用声明的区别。

例 3-24 示例常对象和常成员函数。

```
//example 3_24.cpp
# include < iostream >
using namespace std;
class R
{
public:
    R(int r1,int r2){R1 = r1;R2 = r2;}     //与 R(int r1,int r2):R1(r1),R2(r2){}等价
    void print();
    void print() const;                    //常成员函数.const 可实现函数重载
private:
    int R1,R2;
};
void R::print()
{
        cout << R1 <<" - "<< R2 << endl;
}
void R::print() const
{
    cout << R1 <<" + "<< R2 << endl;
}
int main()
{
    R a(5,4);                              //声明普通对象 a
    a.print();                             //普通对象 a 调用普通成员函数
    const R b(20,52);                      //常对象 b
```

```
    b.print();                                    //常对象 b 调用常成员函数
    return 0;
}
```

该程序的运行结果为：

```
5 - 4
20 + 52
```

说明：常成员函数不能更新对象的数据成员，也不能调用该类中没有用 const 修饰的普通成员函数。常对象必须被初始化，且不能更新。常对象只能调用它的常成员函数，而不能调用普通成员函数。正因为如此，在实际应用中，往往把不允许修改数据成员的函数设置为常成员函数，把不允许修改数据成员的对象也设为常对象，只能访问常成员函数，实现数据成员的保护。

特别提示：注意关键字 const 的位置，关键字 const 可以实现函数重载。

思考题：常对象可否调用普通成员函数？普通对象可否调用常成员函数？

3.6　本章小结

类机制为程序员提供了一种建立新数据类型的工具。类与基本数据类型的不同在于，类同时包含了数据和对数据进行操作的函数。

类定义由类名、数据成员和成员函数组成，这些数据和函数又可分为公有成员、私有成员和保护成员。一般将函数定义为公有成员或保护成员，将数据定义为私有成员或保护成员。类中可直接访问所有成员，在类外只能访问公有成员。

类的定义、实现和应用可放在一个源程序文件中，但实际应用中，通常分别放在三个文件中。类的定义放在头文件中，类的实现放在与头文件同名的.cpp 文件中，而应用程序又放在另一个.cpp 文件中，其中用文件包含命令将它们联系在一起。

类定义提供该类的类型定义，只有定义对象后，才会获取存储空间。对象是类的实例，每个对象都有一份类成员的副本。定义对象时，系统自动调用构造函数来创建对象并初始化对象；在对象的生存期即将结束的时刻，系统自动调用析构函数来完成一些清理工作，再由编译系统收回对象所占用的内存。对象成员的初始化是通过初始化表调用对象成员类的构造函数完成，参数必须通过新类的构造函数来传递，先调用对象成员的构造函数再调用本类的构造函数，应用对象成员可用简单的类构造复杂的类。复制构造函数是一种特殊的构造函数，它的功能是用一个已知的对象来初始化一个同类对象，如果类需要析构函数来释放资源时，则类也需要显式定义一个复制构造函数来进行深复制。如果不显式定义这三种成员函数，则编译系统自动生成一个默认形式的构造函数、析构函数和复制构造函数。

静态成员是类的特殊成员，为所有对象所共享，但不是某个对象的成员，它在对象中不占存储空间。静态成员的存在与对象多少无关，无论对象有多少，有没有对象，静态成员都有一个且只有一个副本。静态成员有静态数据成员和静态成员函数，静态数据成员最好在类的实现部分初始化，以保证程序的使用。静态成员函数只能对静态数据成员进行操作。

对于既需要共享又需要防止修改的数据,通常定义为常量进行保护。把不允许对数据成员进行任何修改的成员函数定义为常成员函数,把只能访问常成员函数的对象定义为常对象,这样可以提高程序的正确性和可维护性,防止不必要的错误。

3.7 习题

1. 类定义由哪些部分组成?在定义和使用时要注意什么问题?

2. 说明一个类的公有成员、保护成员和私有成员的区别。

3. 何时执行类构造函数及析构函数?若该对象作为类的成员,何时执行其构造函数和析构函数?

4. 创建一个 Employee 类,该类中有字符数组,表示姓名、街道地址、市、省和邮政编码。其功能有修改姓名、显示数据信息。要求其功能函数的原型放在类定义中,构造函数初始化每个成员,显示信息函数要求把对象中的完整信息打印出来。其中数据成员为保护的,函数为公有的。

5. 修改第 4 题中的类,将姓名构成 Name 类,其名和姓在该类中为保护数据成员,其构造函数为接收一个指向完整姓名字符串的指针。该类可显示姓名。然后将 Employee 类中的姓名成员(字符数组)修改为 Name 类对象。

6. 改正下列程序中的错误,并说明理由。

程序 1:

```
include < iostream >;
class Student
{
public
    void Student()
    void display()
    {
        cin << 'number:'<< number << endl
        cout << name:<< name << endl;
        cout << score:<< score << endl;
private:
    int number,char *  name,float score;
}
```

程序 2:

```
include < iostream >;
class example()
{
private:
    int date;
    static int count
public;
    void example(int y = 10)(date = y;)
    (
```

```
            cout << "date = " << date;
            return count;
        )
}
```

7. 写出下面程序的运行结果。注意构造函数和析构函数的执行次序、构造函数的初始
化表。

```
# include < iostream >
using namespace std;
class Ex
{
public:
    Ex( int x, char c = 'c');
    ~Ex( )
    {
        cout << 'B' << endl;
    }
    void outdata( void)
    {
        cout << ch << da << endl;
    }
private:
    int da;
    char ch;
};
int main( )
{
    Ex w(3, 'a'), y(1);
    Ex z[2] = {Ex(10, 'a'), Ex(1, 'd')};
    w. outdata( );
    y. outdata( );
    z[0]. outdata( );
    return 0;
}
Ex::Ex( int x, char c):da(x), ch(c)
{
    cout << 'A' << endl;
}
```

8. 写出下面程序的运行结果。

```
# include < iostream >
# include < cstring >
using namespace std;
class Ex
{
public:
    Ex(const char * s)
    {
        len = strlen(s);
```

```
            p = new char[len + 1];
            strcpy(p, s);
        }
        Ex()
        {
            p = new char[8];
            cout <<" * * * * "<< endl;
        }
        Ex(const Ex& st)
        {
            len = strlen(st. p);
            p = new char[len + 1];
            strcpy(p, st. p);
        }
        ~Ex()
        {
            delete p;
        }
        void outdata(void)
        {
            printf(" % x: % d, % x: % s\n", &len, len, &p, p);
        }
private:
    int len;
    char * p;
};
int main()
{
    Ex x("first");
    Ex y = x, z;
    x. outdata();
    y. outdata();
    return 0;
}
```

9. 写出下面程序的运行结果。

```
# include < iostream >
using namespace std;
class MyClass
{
public:
    MyClass();
    MyClass(int);
    void Display();
    ~MyClass();
protected:
    int number;
};
MyClass::MyClass()
{
```

```
        cout <<"Constructing normally\n";
    }
    MyClass::MyClass(int m)
    {
        number = m;
        cout <<"Constructing with a number:"<< number << endl;
    }
    void MyClass::Display()
    {
        cout <<"Display a number:"<< number << endl;
    }
    MyClass::~MyClass()
    {
        cout <<"Destructing\n";
    }
    int main()
    {
        MyClass obj1;
        MyClass obj2(10);
        obj1.Display();
        obj2.Display();
        return 0;
    }
```

10. 什么是静态数据成员？它有何特点？

11. 编写一个类，声明一个数据成员和一个静态数据成员。其构造函数初始化数据成员，并把静态数据成员加1，其析构函数把静态数据成员减1。

(1) 编写一个应用程序，创建该类的3个对象，然后显示其数据成员和静态数据成员，再析构每个对象，并显示它们对静态数据成员的影响。

(2) 修改该类，增加静态成员函数并访问静态数据成员，并声明静态数据成员为保护成员。体会静态成员函数的使用，静态成员之间与非静态成员之间互访问题。

实验 3.1 类的定义和对象的使用

一、实验目的

1. 掌握类的概念、类的定义格式、类与结构的关系、类的成员属性和类的封装性。

2. 掌握类对象的定义。

3. 理解类的成员的访问控制的含义，公有成员、私有成员和保护成员的区别。

4. 掌握构造函数和析构函数的含义与作用、定义方式和实现，能够根据要求正确定义和重载构造函数，能够根据给定的要求定义类并实现类的成员函数。

二、实验内容

1. 定义一个学生类，其中3个数据成员有学号、姓名、年龄，以及若干成员函数。同时编写主函数使用这个类，实现对学生数据的赋值和输出。

要求：

（1）使用成员函数实现输入输出。

（2）使用构造函数和析构函数，构造函数中实现对数据的输入，析构函数中实现对数据的输出。

（3）编写主函数，定义对象，完成相应功能。

2．定义日期类 Date。

要求：

（1）可以设置日期。

（2）日期加一天操作。

（3）输出函数，输出格式为××××-××-××。

（4）编写主函数，定义对象，完成相应功能。

三、实验要求

1．写出程序，并调试程序，给出测试数据和实验结果。

2．整理上机步骤，总结经验和体会。

3．完成实验报告和上交程序。

实验 3.2　静态成员和对象数组的使用

一、实验目的

1．掌握自定义头文件的方法。

2．学会建立和调试多文件程序。

3．了解静态成员的使用。

4．掌握对象数组的使用。

二、实验内容

1．编写一个函数，求从 n 个不同的数中取 r 个数的所有选择的种数。

要求：

（1）将 main() 函数放在一个.cpp 文件中。

（2）将计算阶乘的函数 long fn(int n)、计算组合的函数 long Cnr(int n,int r) 放在另一个.cpp 文件中。

（3）将函数原型说明放在一个头文件中。

（4）建立一个项目，将这 3 个文件加到项目中，编译、连接，使程序正常运行。

2．定义一个 Employee 类，在 Employee 类中增加一个静态数据成员来设置本公司员工编号基数，新增加的员工编号将在创建对象的同时自动在基数上增加。另外，将 Employee 类的声明部分和实现部分分成两个文件实现。

3．假设有一个点类 Point，具有两个实数坐标。希望主程序使用这个类完成下述功能。

（1）主程序为类 Point 申请 10 个连续存储空间。

（2）要求调用一个函数 Set()从键盘输入 10 个对象的属性，并顺序存入申请的内存中。

（3）要求调用一个函数 Display()显示 10 个对象的值。

（4）要求调用一个函数 Lenth()，计算将这些点连成一条折线时这条折线的长度。

（5）程序结束时，删除申请的内存。

（6）演示析构对象（动态对象或堆对象）的执行顺序。

设计这个类和各个函数并验证运算结果的正确性。

三、实验要求

1. 写出程序，并调试程序，给出测试数据和实验结果。

2. 整理上机步骤，总结经验和体会。

3. 完成实验报告和上交程序。

第 4 章　继承与派生

继承性是 C++ 面向对象技术中最重要的基本特征。客观事物之间都有一定的联系,表现在同类事物间的共性和特性。对事物的抽象形成了类,说明类也具有共性和特性,可以用继承机制来实现,这种机制提供了重复利用程序资源的一种途径,可以扩充和完善已有的程序以适应新的需求。继承机制友好地实现了代码重用和代码扩充,使自己的开发工作能够站在“巨人”的肩膀上,大大提高了程序开发的效率。本章围绕派生过程,首先介绍继承与派生、基类与派生类的概念,不同继承方式下基类成员的访问权限控制问题,然后介绍派生类的构造函数和析构函数,最后介绍多继承。

4.1　继承的层次关系

客观世界中的事物都是相互联系、相互作用的,人们在认识事物的过程中,根据事物的实际特征,抓住其共性和特性,利用分类的方法进行分析和描述。例如,学生分类层次如图 4-1 所示。

图 4-1　学生分类层次图

在分类层次图中,下层都具有上层的特性。C++ 面向对象技术也采用了这种继承机制,可以利用已有的数据类型来定义新的数据类型。根据一个类创建一个新类的过程称为类的派生。新类自动具有已有类成员的特性称为类的继承,根据需要还可以添加成员。通常将派生新类的类称为基类,又称父类,而将派生出来的新类称为派生类,又称子类。

4.2　派生类

派生类是特殊的基类,基类是派生类的抽象描述。派生类自动继承了基类的成员,但不等同于基类,否则就没有派生的必要了。

继承的一个作用是体现特殊与一般的关系,寻找有共性的事物间的差异,求其发展;另一个作用是代码重用,从基类派生子类,无须修改基类的代码,就可以直接调用基类的成员。

4.2.1　派生类的定义

派生类的定义格式如下:

```
class <派生类名>:<继承方式> <基类名>
{
    <派生类新定义成员>
};
```

其中,<继承方式>有三种:公有继承、私有继承和保护继承,分别用关键字 public、private 和 protected 表示。默认情况下为私有继承。

例 4-1　示例公有继承。

```cpp
//example 4_1.cpp
# include < iostream >
# include < string >
using namespace std;
class Person                                    //定义基类 Person
{
public:                                         //外部接口
    Person(const char *  Name, int Age, char Sex);   //基类构造函数
    char *  GetName()
    {
        return(name);
    }
    int GetAge();                               //基类成员函数的声明
    char GetSex();
    void Display();
private:
    char name[11];
    char sex;
protected:                                      //保护成员
    int age;
};
Person::Person(const char  *  Name, int Age, char Sex)   //基类构造函数的实现
{
    strcpy(name, Name);
    age = Age;
    sex = Sex;
}
int Person::GetAge()                            //基类成员函数的实现
{
    return(age);
}
char Person::GetSex()
{
    return(sex);
```

```
}
void Person::Display()
{
    cout <<"name:"<< name <<'\t';              //直接访问本类私有成员
    cout <<"age:"<< age <<'\t';
    cout <<"sex:"<< sex << endl;
}
class Student:public Person                     //定义公有继承的学生类
{
public:                                         //外部接口
    Student(char * pName,int Age,char Sex,char * pId,float Score):
        Person(pName,Age,Sex)                   //初始化基类的数据成员
    {
        strcpy(id,pId);                         //初始化学生类的数据
        score = Score;
    }
    char * GetId()                              //派生类的新成员
    {
        return(id);
    }
    float GetScore()                            //派生类的新成员
    {
        return score;
    }
    void Display();
private:
    char id[9];                                 //派生类的新成员
    float score;                                //派生类的新成员
};
void Student::Display()                         //派生类的成员函数的实现
{
    cout <<"id:"<< id <<'\t';
    cout <<"age:"<< age <<'\t';                 //直接访问基类的保护成员
    cout <<"score:"<< score << endl;
}
int main()
{
    char name[11];
    cout <<"Enter a person's name:";
    cin >> name;
    Person p1(name,29,'m');                     //基类对象
    p1.Display();                               //基类对象访问基类公有成员函数

    cout <<"Enter a student's name:";
    cin >> name;
    Student s1(name,19,'f',"03410101",95);      //派生类对象
    cout <<"name:"<< s1.GetName()<<'\t';        //派生类对象访问继承的基类成员
    cout <<"id:"<< s1.GetId()<<'\t';            //派生类对象访问本类成员函数
    cout <<"age:"<< s1.GetAge()<<'\t';          //派生类对象访问继承的基类成员
    cout <<"sex:"<< s1.GetSex()<<'\t';          //派生类对象访问继承的基类成员
    cout <<"score:"<< s1.GetScore()<< endl;     //派生类对象访问本类成员函数
```

```
        return 0;
    }
```

该程序的运行结果为：

```
Enter a person's name:LiHai
name:LiHai age:29 sex:m
Enter a student's name:ZhangHua
name:ZhangHua id:03410101 age:19 sex:f score:95
```

说明：派生类自动继承基类的成员 GetName() 等。在主函数中对象通过调用基类和派生类的公有成员函数访问私有数据成员，说明派生类继承了基类的成员。

思考题：派生类继承了基类的哪些成员？提示：可以用 sizeof(s1) 测试其空间的大小，分析对象空间的特点。

4.2.2　派生类的生成过程

分析派生新类的过程可知，派生类的生成经历了三个步骤：吸收基类成员、改造基类成员、添加派生类新成员。吸收基类成员是一个重用过程，而对基类成员进行改造及添加派生类新成员则是扩充过程，两者相辅相成。

1. 吸收基类成员

派生类吸收基类的大部分成员，不吸收构造函数和析构函数等。

2. 改造基类成员

由于基类成员在派生类中可能不起作用，但也被继承下来，在生成对象时要占用内存空间，造成资源浪费。改造基类成员包括两个方面：一是通过派生类定义时的继承方式控制；二是定义同名成员屏蔽基类成员，称为同名覆盖原则。

3. 添加派生类新成员

仅仅继承基类的成员是不够的，需要在派生类中添加新成员，以保证派生类在功能上有所发展。同时，基类的构造函数和析构函数是不能被继承的，而且在派生类中，也需要加入新的构造函数和析构函数完成一些特别的初始化和扫尾清理工作。

可见，继承和派生的目的在于重用基类的某些成员，并对基类成员进行删减，派生出适合某种需要的新类，实现代码重用和代码扩充。

4.3　访问权限控制

从派生类的定义格式可知，有三种继承方式：公有、私有和保护。

4.3.1　公有继承

当类的继承方式为公有继承时，在派生类中，基类的公有成员和保护成员被继承后分别作为派生类的公有成员和保护成员，派生类的成员可以直接访问它们，而派生类的成员无法直接访问基类的私有成员。在类外,派生类的对象可以访问继承下来的基类公有成员。

例 4-2 示例公有继承。例 4-1 的另一种实现方式,派生类对象通过调用 Display()函数显示信息。修改主函数为:

```
int main()
{
    char name[11];
    cout <<"Enter a person's name:";
    cin >> name;
    Person p1(name,29,'m');             //基类对象
    p1.Display();                       //基类对象访问基类公有成员函数
    cout <<"Enter a student's name:";
    cin >> name;
    Student s2(name,20,'m',"03410102",80);//派生类对象
    s2.Person::Display();               //派生类对象访问继承的基类公有成员函数
    s2.Display();                       //派生类对象访问本类的公有成员函数(与基类函数同名)
    return 0;
}
```

说明:派生类有两个 Display()函数,一个是从基类继承的,另一个是自己定义的,若要访问从基类继承的 Display()函数,则加上"Person::",如果不加则调用自己定义的 Display()函数,这就是同名覆盖原则。

4.3.2 私有继承

当类的继承方式为私有继承时,在派生类中,基类的公有成员和保护成员作为派生类的私有成员,派生类的成员可以直接访问它们,而派生类的成员无法访问基类的私有成员。在类外部,派生类的对象无法访问基类的所有成员。因此,私有继承之后,基类的成员再也无法在以后的派生类中发挥作用,出于这种原因,一般不使用私有继承方式。

例 4-3 示例私有继承。将例 4-2 做如下变化,通过公有成员函数访问基类的私有数据。

```
class Student:private Person;                  //定义私有继承的学生类
//…
void Student::Display()                        //派生类的成员函数的实现
{
    cout <<"name:"<< GetName()<<'\t';          //访问私有继承的基类成员函数
    cout <<"id:"<< id <<'\t';                   //访问本类私有成员
    cout <<"age:"<< age <<'\t';                 //访问私有继承的基类成员
    cout <<"sex:"<< GetSex()<< endl;           //访问私有继承的基类成员函数
    cout <<"score:"<< score << endl;
}
int main()
{
    Student s2("wang min",20,'m',"03410102",80);  //派生类对象
```

```
    s2.Display();                              //派生类对象访问本类的公有成员函数
    return 0;
}
```

说明：基类的公有成员和保护成员均变为派生类的私有成员，派生类成员可以直接访问。

4.3.3　保护继承

当类的继承方式为保护继承时，在派生类中，基类的公有成员和保护成员作为派生类的保护成员，派生类的成员可以直接访问它们，而派生类的成员无法访问基类的私有成员。在类外部，派生类的对象无法访问基类的所有成员。

与私有继承不同的是，保护继承还没有完全中止基类的功能。由于保护成员的特殊性，如果合理地利用保护继承，就可以在类的复杂层次关系中为共享访问与成员隐蔽找到一个平衡点，既能实现成员隐蔽，又能方便继承，实现代码的高效重用和扩充。

例 4-4　示例保护继承。将例 4-3 中的继承方式改为保护继承。只做如下变化：

```
class Student:protected Person                 //定义保护继承的学生类
{
    //…
};
```

其结果与私有继承是相同的。事实上，对外界而言，保护继承和私有继承有相同的结果，因为无论继承下来的是私有成员还是保护成员，外界都不能访问。两种继承方式不同的是能否进一步将基类成员传递给派生类的派生类，保护继承可以传递部分基类成员，但私有继承不可以。

说明：不论是哪种继承方式，派生类新定义成员均不能直接访问基类的私有成员，只能通过基类的公有成员函数或保护成员函数访问基类的私有成员。

思考题：将例 4-3 中的继承方式改为保护继承，如果 Student 类派生一个 BStudent 类，要实现保护继承与私有继承的不同，请补充代码实现。

总结起来，三种继承方式下派生类中基类成员的访问属性如表 4-1 所示。

表 4-1　三种继承方式下派生类中基类成员的访问属性

基类成员	继承方式		
	公有继承	私有继承	保护继承
公有成员	公有	私有	保护
私有成员	不可直接访问	不可直接访问	不可直接访问
保护成员	保护	私有	保护

说明：无论哪种继承方式，派生类都不可以直接访问从基类继承的私有成员，但可以通过基类的公有或保护成员间接访问；私有继承方式下，基类的公有成员和保护成员都变为私有成员，派生类可以直接访问这些私有成员。

4.4 派生类的构造函数和析构函数

4.4.1 派生类的构造函数

派生类对象拥有基类的所有数据成员,由于不能继承基类的构造函数,所以,在定义派生类的构造函数时除了对自己的数据成员进行初始化外,还必须用基类的构造函数初始化基类的数据成员。如果派生类中有对象成员时,还应调用对象成员类的构造函数初始化对象成员。

派生类构造函数的一般格式如下:

```
<派生类名>(<总参数表>):<基类名>(<参数表 1>),<对象成员名>(<参数表 2>)
{
    <派生类数据成员的初始化>
}
```

其中,<总参数表>包含完成基类初始化所需要的参数。构造函数的调用顺序是:首先调用基类的构造函数,再调用对象成员类的构造函数(如果有对象成员),最后调用派生类的构造函数。

例 4-5 示例继承中构造函数的调用顺序。

```cpp
//example 4_5.cpp
#include <iostream>
using namespace std;
class A
{
public:
    A(){cout <<"A Constructor"<< endl;}
};
class B:public A
{
public:
    B(){cout <<"B Constructor"<< endl;}
};
int main()
{
    B b;
    return 0;
}
```

该程序的运行结果为:

```
A Constructor
B Constructor
```

说明:主函数中定义 B 类对象 b 时,首先调用基类 A 的构造函数,然后调用派生类构造函数。

派生类构造函数使用时应注意：

（1）当基类中没有显式定义构造函数时，派生类构造函数的定义可以省略对基类构造函数的调用，而采用隐含调用。

（2）当基类的构造函数使用一个或多个参数时，派生类必须定义构造函数，提供将参数传递给基类构造函数的途径。这时，派生类构造函数的函数体可能为空，仅起到参数传递作用。

例 4-6　示例派生类构造函数显式调用基类构造函数及构造函数的调用顺序。

```cpp
//example 4_6.cpp
# include < iostream >
using namespace std;
class A
{
public:
    A(){cout <<"A Constructor1"<< endl;}
    A(int i){x1 = i;cout <<"A Constructor2"<< endl;}
    void dispa(){cout <<"x1 = "<< x1 << endl;}
private:
    int x1;
};
class B:public A
{
public:
    B(){cout <<"B Constructor1"<< endl;}
    B(int i):A(i + 10){x2 = i;cout <<"B Constructor2"<< endl;}
    void dispb()
    {
        dispa();                                //调用基类成员函数
        cout <<"x2 = "<< x2 << endl;
    }
private:
    int x2;
};
int main()
{
    B b(2);
    b.dispb();
    return 0;
}
```

该程序的运行结果为：

```
A Constructor2
B Constructor2
x1 = 12
x2 = 2
```

4.4.2 派生类的析构函数

由于基类的析构函数也不能被继承,因此,派生类的析构函数必须通过调用基类的析构函数来做基类的一些清理工作。析构函数的调用顺序是:先调用派生类的析构函数,再调用对象成员类的析构函数(如果有对象成员),最后调用基类的析构函数,其顺序与调用构造函数的顺序刚好相反。

例 4-7 示例继承方式下构造函数和析构函数的调用顺序。

```cpp
//example 4_7.cpp
# include < iostream >
using namespace std;
class A
{
public:
    A(){cout <<"A Constructor"<< endl;}
    ~A(){cout <<"A Destructor"<< endl;}
};
class B:public A
{
public:
    B(){cout <<"B Constructor"<< endl;}
    ~B(){cout <<"B Destructor"<< endl;}
};
int main()
{
    B b;
    return 0;
}
```

该程序的运行结果为:

```
A Constructor
B Constructor
B Destructor
A Destructor
```

4.5 多继承

根据派生类继承基类的个数,将继承分为单继承和多继承。当派生类只有一个基类时称为单继承,以上所讨论的都是单继承。当派生类有多个基类时称为多继承。单继承可以看作是多继承的一个特例,多继承可以看作是多个单继承的组合,它们有很多相同特性。

4.5.1 多继承的定义格式

多继承可以看作是单继承的扩展,派生类与每个基类之间的关系可以看作是一个单继承。多继承的定义格式如下:

```
class <派生类名>:<继承方式> <基类名 1>,…,<继承方式> <基类名 n>
{
    <派生类新定义成员>
};
```

4.5.2　多继承的构造函数

在多继承方式下,派生类构造函数的定义格式如下:

```
<派生类名>(<总参数表>):<基类名 1>(<参数表 1>),…,<基类名 n> (<参数表 n>)
{
    <派生类数据成员的初始化>
}
```

其中,<总参数表>包含完成所有基类和派生类初始化所需的参数。

多继承方式下派生类的构造函数与单继承方式下派生类构造函数相似,但包括所有基类构造函数的调用。构造函数调用顺序是:先调用基类的构造函数,再调用派生类的构造函数。处于同一层次的各基类构造函数的调用顺序取决于定义派生类时所指定的基类顺序,与派生类构造函数中所定义的成员初始化列表顺序无关。

例 4-8　示例多继承方式下构造函数和析构函数的调用顺序。

```cpp
//example 4_8.cpp
# include < iostream >
using namespace std;
class A                          //定义基类 A
{
public:
    A( int i){a = i;cout <<"A Constructor"<< endl; }
    void disp(){cout <<"a = "<< a << endl; }
    ~A(){cout <<"A Destructor"<< endl; }
private:
    int a;
};
class B                          //定义基类 B
{
public:
    B( int j){b = j;cout <<"B Constructor"<< endl; }
    void disp(){cout <<"b = "<< b << endl; }
    ~B(){cout <<"B Destructor"<< endl; }
private:
    int b;
};
class C:public B,public A        //定义 A 和 B 的派生类 C,B 在前,A 在后
{
public:
    C( int k):A(k + 2),B(k - 2)  //包含基类成员初始化列表
```

```
    {
        c = k;
        cout <<"C Constructor"<< endl;
    }
    void disp()
    {
        A::disp();                          //用类名加作用域运算符限定调用某个基类的同名成员
        B::disp();
        cout <<"c = "<< c << endl;
    }
    ~C(){cout <<"C Destructor"<< endl;}
private:
    int c;
};
int main()
{
    C obj(10);
    obj.disp();                             //调用类C的成员函数disp()
    return 0;
}
```

本程序的运行结果为：

```
B Constructor
A Constructor
C Constructor
a = 12
b = 8
c = 10
C Destructor
A Destructor
B Destructor
```

说明：调用构造函数的顺序是 B、A、C，而调用析构函数的顺序则是 C、A、B。

4.5.3 二义性问题与虚基类

在派生类中对基类成员的访问应该是唯一的。但是，在多继承方式下，可能造成对基类中成员的访问出现不唯一的情况，称为对基类成员访问的二义性问题。

如图 4-2 所示，当多继承的派生类 Derived2 的直接基类 Derived11 和 Derived22 来源于同一个间接基类 Base 时，这些直接基类 Derived11 和 Derived22 从间接基类 Base 继承来的成员就拥有相同的名称。在派生类的对象中，这些同名成员在内存中同时拥有多个副本，于是出现了二义性。解决的办法有两种：第一种是用作用域运算符"::"进行限定；第二种是设置虚基类。如果将间接基类 Base 设为虚基类，那么从不同路径继承过来的该类

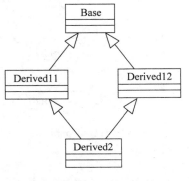

图 4-2 多继承的二义性问题示意图

成员在内存中只拥有一个副本,进而解决了同名成员的唯一标识问题。如图 4-3 所示。

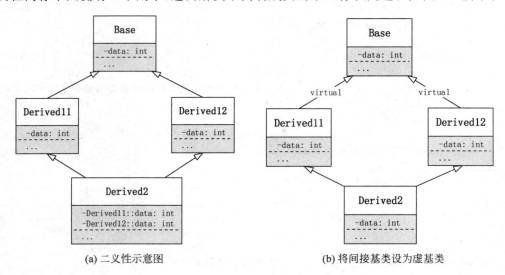

(a) 二义性示意图　　　　　　　　　　(b) 将间接基类设为虚基类

图 4-3　二义性问题解决示意图

1. 虚基类的定义格式

虚基类的定义格式如下:

```
class <派生类名>:virtual <继承方式> <共同基类名>
```

例 4-9　示例虚基类。

```cpp
//example 4_9.cpp
# include < iostream >
using namespace std;
class A
{
public:
    A(){a = 10;}
protected:
    int a;
};
class A1:virtual public A              //定义虚基类
{
public:
    A1(){cout << a << endl;}
};
class A2:virtual public A              //定义虚基类
{
public:
    A2(){cout << a << endl;}
};
class B:A1,A2                          //私有继承
```

```
{
public:
    B(){cout << a << endl;}
};
int main()
{
    B obj;
    return 0;
}
```

说明：引进虚基类后，派生类对象中只存在一个虚基类成员的副本。

2. 虚基类的初始化

虚基类的初始化与一般多继承的初始化在语法上相同，但构造函数的调用顺序有所不同，规则如下。

(1) 先调用虚基类的构造函数，再调用非虚基类的构造函数。

(2) 若同一层次中包含多个虚基类，其调用顺序为定义时的顺序。

(3) 若虚基类由非虚基类派生而来，则仍按先调用基类构造函数，再调用派生类构造函数的顺序。

例 4-10 示例引入虚基类后构造函数的调用顺序。

```
//example 4_10.cpp
# include < iostream >
using namespace std;
class Base1
{
public:
    Base1(){cout <<"class Base1"<< endl;}
};
class Base2
{
public:
    Base2(){cout <<"class Base2"<< endl;}
};
class Level1:public Base2,virtual public Base1      //定义虚基类
{
public:
    Level1(){cout <<"class Level1"<< endl;}
};
class Level2:public Base2,virtual public Base1
{
public:
    Level2(){cout <<"class Level2"<< endl;}
};
class TopLevel:public Level1,virtual public Level2
{
public:
    TopLevel(){cout <<"class TopLevel"<< endl;}
```

```
    };
    int main()
    {
        TopLevel obj;
        return 0;
    }
```

该程序的运行结果为：

```
class Base1
class Base2
class Level2
class Base2
class Level1
class TopLevel
```

说明：本例中 TopLevel 类的派生层次如图 4-4 所示。

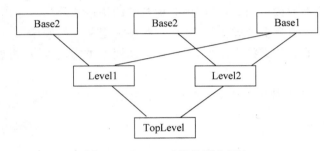

图 4-4　TopLevel 类的派生层次

下面分析一下调用构造函数的顺序。

（1）在 main()中，定义 TopLevel 类的对象 obj 时，编译系统自动调用构造函数。由于 TopLevel 类是由 Level1 类和 Level2 类派生而来的，因此应先调用基类的构造函数，最后调用 TopLevel 类的构造函数。在其基类中，先调用虚基类 Level2 的构造函数，再调用 Level1 类的构造函数。在这个层次上调用构造函数的顺序为 Level2、Level1、TopLevel 类的构造函数。对于 Level2 和 Level1，如何调用其内部构造函数，还需在分析它们的基类之后决定。

（2）先分析 Level2。Level2 类是由 Base1 类和 Base2 类派生而来的，先调用虚基类 Base1 的构造函数，再调用 Base2 类的构造函数，则第一段调用构造函数的顺序是 Base1()、Base2()、Level2()。

（3）再分析 Level1。Level1 类是由 Base1 类和 Base2 类派生而来的，Base1 类为虚基类，并且 Base1 类和 Base2 类再也没有基类，因此，Level1 的构造函数的调用顺序为 Base1()、Base2()、Level1()。由于 Base1 类为 Level1 和 Level2 的虚基类，Level1 和 Level2 共用 Base1 的一个实例，而这个实例在 Level2 中已初始化，在这里就无须再调用 Base1()，因此 Level1 的构造函数的调用顺序为 Base2()、Level1()。

（4）综合上面的分析，整个 obj 对象的各构造函数的调用顺序为：Base1()、Base2()、Level2()、Base2()、Level1()、TopLevel()。分析出来的调用顺序与程序运行结果一致。

在定义虚基类的构造函数时要注意，一般情况下虚基类只允许定义不带参数的或带默认参数的构造函数。另外，如果多继承不涉及对同一基类的派生，就没有必要定义虚基类。

例 4-11 示例虚基类的应用。

```cpp
//example 4_11.cpp
# include < iostream >
# include < string >
using namespace std;
class Data_rec                                              //定义基类 Data_rec
{
public:
    Data_rec()
    {
        name = NULL;
    }
    ~Data_rec()
    {
        delete[] name;
    }
    void insert_name(char * pname)
    {
        delete[] name;
        name = new char[strlen(pname) + 1];
        strcpy(name,pname);
    }
    void print()
    {
        cout <<"Name:"<< name << endl;
    }
private:
    char * name;
};
class Student:virtual public Data_rec                       //定义虚基类
{
public:
    Student():Data_rec(){id = NULL;}
    ~Student(){delete[] id;}
    void insert_id(char * pid)
    {
        delete[] id;
        id = new char[strlen(pid) + 1];
        strcpy(id,pid);
    }
    void print()
    {
        Data_rec::print();                                 //访问基类的成员函数
        cout <<"Id:"<< id << endl;
    }
private:
    char * id;
};
class Teacher:virtual public Data_rec                       //定义虚基类
{
```

```
public:
    Teacher():Data_rec(){sal = 0;}
    void insert_sal(float psal){sal = psal;}
    void print()
    {
        Data_rec::print();                          //访问基类的成员函数
        cout <<"Sal:"<< sal << endl << end;
    }
private:
    float sal;
};
class Postgrad:public Student                       //定义派生类 Postgrad
{
public:
    Postgrad():Student(){dn = NULL;}
    void insert_dn(char * p)
    {
        delete[] dn;
        dn = new char[strlen(p) + 1];
        strcpy(dn,p);
    }
    void print()
    {
        Student::print();                           //访问基类的成员函数
        cout <<"Dept Name:"<< dn << endl;
    }
private:
    char * dn;
};
class Tpost:public Teacher,public Postgrad          //定义多继承派生类 Tpost
{
public:
    Tpost():Teacher(),Postgrad(){}
    void print()
    {
        Teacher::print();
        Postgrad::print();
    }
};
int main()
{
    Teacher tobj;
    Tpost tpobj;
    tobj.insert_name("Li Min");
    tobj.insert_sal(2000);
    tpobj.insert_name("Zhang Hua");
    tpobj.insert_sal(1500);
    tpobj.insert_id("03410101");
    tpobj.insert_dn("Computer");
    tobj.print();
    tpobj.print();
```

```
        return 0;
    }
```

该程序的运行结果为：

```
Name:Li Min
Sal:2000

Name:Zhang Hua
Sal:1500

Name:Zhang Hua
Id:03410101
Dept Name:Computer
```

说明：由于用到了动态存储分配,所以必须显式定义析构函数。Data_rec 类是 Teacher 和 Student 类的虚基类,由关键字 virtual 引导。在主程序中创建了两个对象 tobj 和 tpobj,分别是 Teacher 和 Tpost 类的对象,通过对象 tpobj 访问基类 Data_rec 的函数 insert_name(),由于运用了虚基类,使调用能顺利进行,如果没有用虚基类来定义派生类 Teacher 和 Student,程序编译时就会出错。

4.6 本章小结

继承是从基类创建一个派生类的过程。继承是实现代码重用的手段之一。派生类的生成经历了三个步骤：吸收基类成员、改造基类成员、添加派生类新成员。

继承有三种方式：公有、私有和保护。不同的继承方式使得派生类对象对基类成员的访问权限不同,但无论哪种方式都使派生类的成员无法访问基类的私有成员。不同的是：当公有继承时,基类的公有成员和保护成员分别成为派生类的公有成员和保护成员；当私有继承时,基类的公有成员和保护成员成为派生类的私有成员；当保护继承时,基类的公有成员和保护成员成为派生类的保护成员。对于这些继承下来的成员,派生类的成员都可以直接访问它们。注意,不能继承基类的构造函数、析构函数和复制构造函数等。

由于派生类继承了基类的所有数据成员,而没有继承基类的构造函数,所以派生类的构造函数中要调用基类的构造函数,给基类的数据成员分配存储空间并初始化,基类的构造函数的参数也由派生类传递。在创建派生类对象时,首先调用基类的构造函数,再调用派生类的构造函数。

根据基类的个数,继承分为单继承和多继承,当派生类只有一个基类时称为单继承,当有多个基类时称为多继承。单继承可以看作是多继承的特例,多继承可以看作是多个单继承的组合。可利用虚基类使派生类只保持一个基类的成员副本。

4.7 习题

1. 什么是继承？它在软件设计中有什么作用？
2. 比较类的三种继承方式之间的差别。

3. 如果派生类 B 已经重新定义了基类 A 的一个成员函数 fn1()，没有重新定义基类的成员函数 fn2()，怎样调用基类的成员函数 fn1()、fn2()？

4. 写出运行结果，分析程序中的访问权限，并回答所列问题。

```cpp
# include < iostream >
using namespace std;
class A
{
public:
    void f1();
    A()
    {
        cout <<"A Constructor"<< endl;
        i1 = 10; j1 = 11;
        cout <<"i1 = "<< i1 <<"j1 = "<< j1 << endl;
    }
    ~A(){cout <<"A Destructor"<< endl;}
protected:
    int j1;
private:
    int i1;
};
class B:public A
{
public:
    void f2();
    B()
    {
        cout <<"B Constructor"<< endl;
        i2 = 20; j2 = 21;
        cout <<" i2 = "<< i2 <<"j2 = "<< j2 << endl;
    }
    ~B(){cout <<"B Destructor"<< endl;}
protected:
    int j2;
private:
    int i2;
};
class C:public B
{
public:
    void f3();
    C()
    {
        cout <<"C Constructor"<< endl;
        i3 = 30; j3 = 31;
        cout <<"i3 = "<< i3 <<"j3 = "<< j3 << endl;
    }
```

```
    ~C(){cout <<"C Destructor"<< endl;}
protected:
    int j3;
private:
    int i3;
};
int main()
{
    A a;
    B b;
    C c;
    return 0;
}
```

（1）派生类 B 中成员函数 f2()能否访问基类 A 中的成员 f1()、i1 和 j1？

（2）派生类 B 的对象 b 能否访问基类 A 中的成员 f1()、i1 和 j1？

（3）派生类 C 中成员函数 f3()能否访问直接基类 B 中的成员 f2()、j2 和 i2？能否访问间接基类 A 中的成员 f1()、j1 和 i1？

（4）派生类 C 的对象 c 能否访问直接基类 B 中的成员 f2()、i2 和 j2？能否访问间接基类 A 中的成员 f1()、j1 和 i1？

（5）根据上述结果总结继承中构造函数和析构函数的调用顺序。

（6）将派生 B 类的继承方式改为私有继承和保护继承，结果分别怎样？试总结它们的异同。

5. 写出下面程序的运行结果。

```
# include < iostream >
using namespace std;
class A
{
public:
    A( int i, int j){a = i;b = j;}
    void move( int x, int y){a += x;b += y;}
    void show()
    {
    cout <<"("<< a <<","<< b <<")"<< endl;
    }
private:
    int a,b;
};
class B:public A
{
public:
    B( int i, int j, int k, int l):A(i,j),x(k),y(l){}
    void show()
    {
        cout << x <<","<< y << endl;
    }
```

```
        void fun(){move(3,5);}
        void f1(){A::show();}
private:
        int x,y;
};
int main()
{
        A aa(1,2);
        aa.show();
        B bb(3,4,5,6);
        bb.fun();
        bb.A::show();
        bb.B::show();
        bb.f1();
        return 0;
}
```

6. 编写一个学生和教师数据输入和显示程序。学生数据有编号、姓名、班号和成绩，教师数据有编号、姓名、职称和部门。要求将编号、姓名输入和显示设计成一个类 Person，并作为学生类 Student 和教师类 Teacher 的基类。

7. 写出下面程序的运行结果，并分析总结。

```
# include < iostream >
using namespace std;
class Base
{
public:
        void who(){cout <<"Base class"<< endl; }
};
class Derive1:public Base
{
public:
        void who(){cout <<"Derive1 class"<< endl; }
};
class Derive2:public Base
{
public:
        void who(){cout <<"Derive2 class"<< endl; }
};
int main()
{
        Base obj1, * p;
        Derive1 obj2;
        Derive2 obj3;
        p = &obj1;
        p -> who();
        p = &obj2;
        p -> who();
```

```
        p = &obj3;
        p - > who( );
        obj2.who( );
        obj3.who( );
        return 0;
}
```

8. 在多继承方式下,派生类的构造函数和析构函数调用顺序是怎样的?

9. 什么是虚基类? 有何作用?

实验 4.1　类的继承和派生

一、实验目的

1. 理解继承的含义,掌握派生类的定义方法和实现。

2. 理解公有继承下基类成员对派生类成员和派生类对象的可见性,能正确地访问继承层次中的各种类成员。

3. 理解保护成员在继承中的作用,能够在适当的时候选择使用保护成员以便派生类成员可以访问基类的部分非公开的成员。

4. 条件编译的运用。多文件结构的进一步使用。

二、实验内容

1. 编写一个程序计算出球、圆柱和圆锥的表面积和体积。

要求:

(1) 定义一个基类,至少含有一个数据成员半径,并设为保护成员。

(2) 定义基类的派生类球、圆柱、圆锥,都含有求表面积和体积的成员函数和输出函数。

(3) 编写主函数,求球、圆柱、圆锥的表面积和体积。

2. 编写一个学生和教师数据输入和显示程序。其中,学生数据有编号、姓名、班级和成绩,教师数据有编号、姓名、职称和部门。

要求:

(1) 将编号、姓名输入和显示设计成一个类 Person。

(2) 设计类 Person 的派生类:学生类 Student 和教师类 Teacher。

(3) 各个类的声明都放在相应的头文件(* . h)中,类的实现放在相应的实现文件(* . cpp): person. h, person. cpp, student. h, student. cpp, teacher. h, teacher. cpp 中。

(4) 编写一个主文件(SY4_2.cpp),在该文件中分别定义 student、teacher 的对象,完成相应功能。

三、实验要求

1. 写出程序,并调试程序,给出测试数据和实验结果。

2. 整理上机步骤,总结经验和体会。

3. 完成实验报告和上交程序。

实验 4.2　多继承

一、实验目的

1. 理解多继承的概念
2. 多继承中构造与析构的应用。

二、实验内容

1. 输入以下程序，分析运行结果。

```cpp
#include <iostream>
using namespace std;
class B1
{
public:
B1(int i)
{
    b1 = i;
    cout <<"构造函数 B1."<< b1 << endl; }
void print() { cout << b1 << endl; }
private:
int b1;
};

class B2
{
public:
B2(int i)
{
    b2 = i;
    cout <<"构造函数 B2."<< b2 << endl; }
void print() { cout << b2 << endl;}
private:
int b2;
};

class B3
{
public:
B3(int i)
{
    b3 = i;
    cout <<"构造函数 B3."<< b3 << endl; }
int getb3() { return b3; }
private:
int b3;
};
```

```
class A : public B2, public B1
{
public:
A(int i, int j, int k, int l):B1(i), B2(j), bb(k)
{
    a = l;
    cout <<"构造函数 A."<< a << endl; }
void print()
{
    B1::print();
    B2::print();
    cout << a << endl;}
private:
int a;
B3 bb;
};

void main()
{
A aa(1, 2, 3, 4);
aa.print();
}
```

2. 修改上面的 4 个类,添加析构函数,在析构函数中输出各私有数据成员的值,并分析结果。

3. 定义一个员工类 Employee,有数据成员姓名、编号。定义一个销售员继承自员工类 Sales,工资为销售额的 10%;定义一个经理类 Manager,固定工资为 8000 元;定义一个销售经理类,继承自销售员类和经理类,工资为固定工资 5000 元加销售额的 5%。每个类均有 display()函数输出信息,编写主函数测试。

三、实验要求

1. 写出程序,并调试程序,给出测试数据和实验结果。

2. 整理上机步骤,总结经验和体会。

3. 完成实验报告和上交程序。

第5章

多态性

多态性是 C++ 面向对象技术中又一个重要的基本特征。客观事物之间的联系和作用也体现了多态性,即对同一条消息,不同的对象有不同的反应。多态性的应用可以使编程显得更为简捷、便利,它为程序的模块化设计提供了又一手段。本章围绕类层次中同名函数的不同实现,首先介绍类型兼容规则,进而引出多态的实现类型、多态性实现的相关技术,然后介绍虚函数的声明和使用、纯虚函数与抽象类等,最后介绍运算符重载与友元。

5.1 类型兼容规则

在类层次中,派生类对象之间有一个共同点,那就是来自于同一个基类,而派生类对象与基类有什么关系呢? 事实上,它们遵循类型兼容规则。

类型兼容规则是指在需要基类对象的任何地方,都可以使用公有派生类的对象替代。通过公有继承,派生类得到了基类中除构造函数、析构函数之外的所有成员。这样,公有派生类实际具备了基类的所有功能,凡是基类能解决的问题,公有派生类都可以解决。类型兼容规则中“替代”包括以下情况。

(1) 派生类的对象可以赋值给基类的对象。

(2) 派生类的对象可以初始化基类的引用。

(3) 派生类的对象的地址可以赋值给基类的指针变量。

例如:

```
class A
{ … }
class B:public A              //公有继承
{ … }
A a1, * pa1;
B b1;
a1 = b1;                      //第(1)种情况
A &bb = b1;                   //第(2)种情况
pa1 = &b1;                    //第(3)种情况
```

思考题:如果基类指针要访问派生类的成员,怎么办?

C++ 提供了多态机制解决这个问题,而类型兼容规则是 C++ 多态的重要基础。下面介绍多态。

5.2 多态的实现类型

继承性反映的是类与类之间的层次关系,多态性则是考虑这种层次关系中特定成员函数之间的关系问题,是解决行为的再抽象问题。多态性是指类中同一函数名对应多个具有相似功能的不同函数,可以使用相同的调用方式调用这些具有不同功能的同名函数的特性。在 C++ 程序中,表现为用同一种调用方式完成不同的处理。

从实现的角度划分,多态可以分为编译时多态和运行时多态。编译时多态是指在编译阶段由编译系统根据操作数据确定调用哪个同名的函数;运行时多态是指在运行阶段才根据产生的信息确定需要调用哪个同名的函数。调用不同的函数意味着执行不同的处理。C++采用联编技术支持多态性。

5.3 联编

多态性的实现过程中,确定调用哪个同名函数的过程就是联编(binding),又称绑定。联编是指计算机程序自身彼此关联的过程,也就是把一个函数名和一个函数体联系在一起的过程。用面向对象的术语讲,就是把一条消息和一个对象的行为相结合的过程。按照进行的阶段的不同,联编可以分为静态联编和动态联编,这两种联编过程分别对应着多态的两种实现方式。

5.3.1 静态联编

在编译阶段完成的联编称为静态联编(static binding)。在编译过程中,编译系统可以根据参数不同确定哪一个是同名函数。函数重载和运算符重载就是通过静态联编方式实现的编译时多态的体现。静态联编的优点是函数调用速度快、效率较高,缺点是编程不够灵活。

例 5-1 示例静态联编。

```
//example 5_1.cpp
# include < iostream >
using namespace std;
class Student
{
public:
    void print()
    {
        cout <<"A student"<< endl;
    }
};
class GStudent:public Student
{
public:
    void print()
    {
```

```
        cout <<"A graduate student"<< endl;
        }
};
int main()
{
    Student s1, * ps;
    GStudent s2;
    s1.print();
    s2.print();
    s2.Student::print();
    ps = &s1;
    ps -> print();
    ps = &s2;                     //类型兼容规则(3)
    ps -> print();                //希望调用对象 s2 的输出函数,但调用的却是对象 s1 的输出函数
    return 0;
}
```

该程序的运行结果为:

```
A student
A graduate student
A student
A student
A student
```

说明：基类指针 ps 指向派生类对象 s2 时并没有调用派生类的 print(),而仍然调用基类的 print(),这是静态联编的结果。在程序编译阶段,基类指针 ps 对 print() 的操作只能绑定到基类的 print()。

5.3.2 动态联编

对例 5-1 的分析可知,有些联编工作无法在编译阶段准确完成,只有在运行程序时才能确定将要调用的函数。这种在运行阶段进行的联编称为动态联编(dynamic binding)。动态联编的优点是提供了更好的编程灵活性、问题抽象性和程序易维护性；缺点是与静态联编相比,函数调用速度慢。

在例 5-1 中,静态联编把基类指针 ps 指向的对象绑定到基类上,而在运行时进行动态联编将把 ps 指向的对象绑定到派生类上。可见,同一个指针在不同阶段被绑定的类对象将是不同的,进而被关联的类成员函数也是不同的。那么如何确定是用静态联编还是用动态联编呢？ C++规定,动态联编通过继承和虚函数实现。

从上述分析可以看出,静态联编和动态联编都是属于多态性的表现,它们是在不同阶段对不同实现进行不同的选择。

5.4 虚函数

虚函数是动态联编的基础。虚函数是非静态的成员函数,经过派生之后,虚函数在类族中可以实现运行时多态。

5.4.1　虚函数的声明

虚函数是一个在某基类中声明为 virtual,并在一个或多个派生类中被重新定义的成员函数。声明虚函数的格式如下:

```
virtual <返回值类型> <函数名>(<参数表>);
```

一个函数一旦被声明为虚函数,则无论声明它的类被继承了多少层,在每一层派生类中该函数都保持虚函数特性。因此,在派生类中重新定义该函数时,可以省略关键字 virtual。但是,为了提高程序的可读性,往往不省略。在程序运行时,不同类的对象调用各自的虚函数,这就是运行时多态。

5.4.2　虚函数的使用

如果某类中的一个成员函数被说明为虚函数,这就意味着该成员函数在派生类中可能有不同的函数实现。当使用对象指针或对象引用调用虚函数时,采用动态联编方式,即在运行时进行关联或绑定。

例 5-2　示例动态联编。采用对象指针调用虚函数。

```cpp
//example 5_2.cpp
# include <iostream>
using namespace std;
class Student
{
public:
    virtual void print()                    //定义虚函数
    {
        cout <<"A student"<< endl;
    }
};
class GStudent:public Student
{
public:
    virtual void print()                    //派生类的关键字 virtual 可以省略
    {
        cout <<"A graduate student"<< endl;
    }
};
int main()
{
    Student s1, * ps;
    GStudent s2;
    s1.print();
    s2.print();
    s2.Student::print();
    ps = &s1;
```

```
    ps->print();
    ps = &s2;                                    //类型兼容规则(3)
    ps->print();                                 //对象指针调用虚函数,采用动态联编方式
    return 0;
}
```

该程序的运行结果为:

```
A student
A graduate student
A student
A student
A graduate student
```

说明: 该程序将例 5-1 中基类的 print() 声明为虚函数,使结果不同,即定义一个基类的对象指针,就可以指向不同派生类的对象,同时调用不同派生类的虚函数。这就是动态联编的结果。

值得注意的是: 只有在类型兼容规则基础上,通过对象指针或对象引用调用虚函数,才能实现动态联编。如果采用对象调用虚函数,则采用的是静态联编方式。

例 5-3　示例动态联编。采用对象引用调用虚函数。

```
//example 5_3.cpp
# include < iostream >
using namespace std;
class Student
{
public:
    virtual void print()
    {
        cout <<"A student"<< endl;
    }
};
class GStudent:public Student
{
public:
    virtual void print()
    {
        cout <<"A graduate student"<< endl;
    }
};
void fun(Student &s)
{
    s.print();                                   //采用对象引用调用虚函数
}
int main()
{
    Student s1;
    GStudent s2;
    fun(s1);
    fun(s2);                                     //类型兼容规则(2)
```

```
    return 0;
}
```

该程序的运行结果为：

```
A student
A graduate student
```

说明：运行结果表明，只要定义一个基类的对象指针或对象引用，就可以调用期望的虚函数。在实际应用中，就可以使编程人员不必过多地考虑类的层次关系，无须显式地写出虚函数的路径，只需将对象指针指向相应的派生类或引用相应的对象，通过动态联编就可以对消息做出正确的反应。

思考题：将虚函数改为普通成员函数，其结果如何？或将 fun() 的参数改为一般对象，其结果如何？

使用虚函数时应注意：

(1) 在派生类中重新定义虚函数时，必须保证函数的返回值类型和参数与基类中的声明完全一致。在类的成员函数被声明为虚函数后，派生类就具有多态性。但是，如果仅仅是基类和派生类成员函数的名字相同，而参数的类型不同，或者函数的返回值不同，即使被声明为虚函数，派生类的函数也不具备多态性。

(2) 如果在派生类中没有重新定义虚函数，则派生类的对象将使用基类的虚函数代码。

将一个类的成员函数定义为虚函数有利于编程，尽管它会引起一些额外的开销。是不是任何成员都可以声明为虚函数呢？一般来说，可将类族中的具有共性的成员函数声明为虚函数，而具有个性的函数没有必要声明为虚函数。但是，下面的情况例外。

① 静态成员函数不能声明为虚函数。因为静态函数不属于某一个对象，没有多态性的特征。

② 内联成员函数不能声明为虚函数。因为内联函数的执行代码是明确的，没有多态性的特征。如果将那些在类声明时就定义内容的成员函数声明为虚函数，此时函数不是内联函数，而以多态性出现。

③ 构造函数不能是虚函数。构造函数是在定义对象时被调用，完成对象的初始化，此时对象还没有完全建立。虚函数作为运行时的多态性的基础，主要是针对对象的，而构造函数是在对象产生之前运行的。所以，将构造函数声明为虚函数是没有意义的。

④ 析构函数可以是虚函数，且往往被定义为虚函数。一般来说，若某类中有虚函数，则其析构函数也应当定义为虚函数。特别是需要析构函数完成一些有意义的操作，如释放内存时，尤其应当如此。由于实施多态性时是通过将基类的指针指向派生类的对象完成的，如果删除该指针，就会调用该指针指向的派生类的析构函数，而派生类的析构函数又自动调用基类的析构函数，这样整个派生类的对象才被完全释放。因此，析构函数常被声明为虚函数。如果一个类的析构函数是虚函数，那么，由它派生的所有子类的析构函数也是虚函数。

例 5-4 示例虚析构函数。

```
//example 5_4.cpp
# include <iostream>
```

```
using namespace std;
class A
{
public:
    virtual ~A()
    {
        cout <<"call A::~A()"<< endl;
    }
};
class B:public A
{
    char * buf;
public:
    B(int i)
    {
        buf = new char[i];
    }
    virtual ~B()
    {
        delete[] buf;
        cout <<"call B::~B()"<< endl;
    }
};
void fun(A * a)
{
    delete a;
}
int main()
{
    A * a = new B(10);
    fun(a);
    return 0;
}
```

该程序的运行结果为：

```
call B::~B()
call A::~A()
```

如果类 A 中的析构函数不定义为虚函数，则程序的运行结果为：

```
call A::~A()
```

说明：第一个结果是因为基类的析构函数说明为虚函数时，调用 fun(a)函数，执行“delete a；”语句时采用动态联编，a 被关联到派生类对象，先调用派生类的析构函数，再调用基类的析构函数；如果基类的析构函数不定义为虚函数，调用 fun(a)函数，执行“delete a；”语句时采用静态联编，a 被关联到基类对象，只调用基类的析构函数，所以输出第二个结果。

利用虚函数可以使所设计的软件系统变得灵活，提高了代码的可重用性。虚函数为一个类族中所有派生类的同一行为提供了统一的接口，使得程序员在使用一个类族时只需记住一个接口即可。这种接口与实现分离的机制也提供了对 MFC 的支持，如果能正确地实现这些类库,则它们将操作一个公共接口,可以用来派生自己的类以满足特定的需要。有时在声明一个基类时无法为虚函数定义其具体实现,这时可以将其声明为纯虚函数。包含纯虚函数的类称为抽象类。

5.5 纯虚函数与抽象类

抽象类是一种特殊的类,专门作为基类派生新类,自身无法实例化,也就是无法定义抽象类的对象,主要为一类族提供统一的操作接口。抽象类的主要作用是将有关的派生类组织在一个继承层次结构中,由抽象类为它们提供一个公共的根,相关的派生类就从这个根派生出来。通过抽象类为一个类族建立一个公共的接口,这个公共接口就是纯虚函数。

5.5.1 纯虚函数的定义

纯虚函数是一个在抽象类中声明的虚函数,只给出了函数声明而没有具体实现内容,要求各派生类根据实际需要定义自己的内容,纯虚函数在声明时要在函数原型的后面赋 0。声明纯虚函数的一般格式如下:

```
virtual <返回值类型> <函数名>(<参数表>) = 0;
```

说明:声明为纯虚函数之后,抽象类中就不再给出函数的实现部分。

5.5.2 抽象类的使用

抽象类只能用作其他类的基类,不能建立抽象类对象。因此,抽象类不能用作参数类型、函数类型或显式转换的类型,但可以说明指向抽象类的指针或引用,该指针或引用可以指向抽象类的派生类,进而实现多态性。例如,保护的构造函数类和保护的析构函数类都不能声明对象,因此,都是抽象类。含有纯虚函数的类也是抽象类。

抽象类派生出新类之后,如果派生类给出所有纯虚函数的函数实现,这个派生类就可以定义自己的对象,因而不再是抽象类;反之,如果派生类没有给出全部纯虚函数的实现,继承了部分纯虚函数,这时的派生类仍然是一个抽象类。

例 5-5 示例纯虚函数及抽象类。计算图形面积。

```
//example 5_5.cpp
# include < iostream >
using namespace std;
const double PI = 3.14159;
class Shapes                        //抽象类
{
protected:
    int x, y;
public:
    void setvalue( int d, int w = 0){ x = d; y = w; }
    virtual void disp( ) = 0;              //纯虚函数
```

```
    };
    class Square:public Shapes
    {
    public:
        void disp()                          //计算矩形面积
        {
            cout <<"area of rectangle:"<< x * y << endl;
        }
    };
    class Circle:public Shapes
    {
    public:
        void disp()                          //计算圆面积
        {
            cout <<"area of circle:"<< PI * x * x << endl;
        }
    };
    int main()
    {
        Shapes * ptr[2];                     //定义抽象类指针
        Square s1;
        Circle c1;
        ptr[0] = &s1;                        //抽象类指针指向派生类对象,类型兼容规则(3)
        ptr[0] -> setvalue(10,5);
        ptr[0] -> disp();                    //抽象类指针调用派生类成员函数
        ptr[1] = &c1;                        //抽象类指针指向派生类对象,类型兼容规则(3)
        ptr[1] -> setvalue(10);
        ptr[1] -> disp();                    //抽象类指针调用派生类成员函数
        return 0;
    }
```

该程序的运行结果为：

```
area of rectangle:50
area of circle:314.159
```

说明：本程序定义了一个抽象类 Shapes 和它的两个派生类 Square 与 Circle。在 main() 中定义了抽象类的指针数组 ptr[2]，分别指向对象 s1 和 c1，从而通过这两个对象指针分别调用两个派生类中的虚函数，实现动态联编。同时，派生类的虚函数并没有显式声明，因为它们与基类的纯虚函数具有相同的名称、参数及返回值，由编译系统自动判断确定其为虚函数。

5.6 运算符重载与友元

C++预定义的运算符只能对基本类型数据进行操作，实际上，很多用户自定义类型数据也需要有类似的运算，这就提出了对运算符进行重新定义，赋予预定义的运算符新功能的要求。当然也可以通过普通成员函数实现（例 5-6），但是，有对象参加运算时，将运算符重载使程序代码更直观、易读。

运算符重载的实质就是函数重载。在实现过程中,首先把指定的表达式转化为对运算符重载函数的调用,将操作数转化为运算符重载函数的实参,然后根据参数匹配的原则确定需要调用的函数,这个过程是在编译过程中完成的,采用静态联编方式。与函数重载不同的是,运算符重载函数的参数一定含有对象且参数个数有限制,并保持优先级、结合性以及语法结构不变等特性。

例 5-6 示例运算符重载,并与成员函数实现的方式进行比较,计算应付给的人民币。

```cpp
//example 5_6.cpp
# include < iostream >
using namespace std;
class RMB                                      //人民币类
{
public:
    RMB(double d)
    {
        yuan = (int)d;
        jf  = (int)((d - yuan) * 100);
    }
    RMB interest(double rate);                 //计算利息
    RMB add(RMB d);                            //人民币相加
    void display( )
    {
        cout <<(yuan + jf/100.0)<< endl;
    }
    RMB operator + (RMB d)                     //运算符"+"重载函数
    {
        return RMB(yuan + d. yuan + (jf + d. jf)/100.0);
    }
    RMB operator * (double rate)               //运算符"*"重载函数
    {
        return RMB((yuan + jf/100.0) * rate);
    }
private:
    unsigned int yuan;                         //元
    unsigned int jf;                           //角分
};
RMB RMB::interest(double rate)
{
    return RMB((yuan + jf/100.0) * rate);
}
RMB RMB::add(RMB d)
{
    return RMB (yuan + d. yuan + jf/100.0 + d. jf/100.0);
}
//以下是计算应付人民币的两种方法
RMB expense1(RMB principle,double rate)        //采用普通成员函数求本利和
{
    RMB interests = principle. interest(rate);
    return principle. add(interests);
```

```
}
RMB expense2(RMB principle,double rate)                    //采用运算符重载函数求本利和
{
    RMB interests = principle * rate;                      //本金乘利率
    return principle + interests;                          //本利和
}
int main( )
{
    RMB x = 10256.50;
    double yrate = 0.035;
    expense1(x,yrate).display();
    expense2(x,yrate).display();
    return 0;
}
```

该程序的运行结果为：

```
10615.5
10615.5
```

说明：两种计算应付人民币的函数得到的结果相同，但 expense2( )更直观，可读性更好，它符合人们用"＋""＊"运算符计算的习惯。如果不定义运算符重载，则 expense2( )中 principle＊rate 和 principle＋interests 是非法的，因为参加运算的是类对象而不是基本类型的数据。

运算符重载的目的仅仅是为了语法上的方便，增强程序的易读性。因此为使用户自定义的类型更易写，尤其是更易读的时候，就有理由重载运算符。但是必须明白一点，运算符重载并非一个程序必须有的功能。

5.6.1　运算符重载的定义

运算符重载就是赋予系统预定义的运算符多重含义，使同一个运算符既可以作用于预定义的数据类型，也可以作用于用户自定义的数据类型。同一运算符作用于不同数据类型时，其行为是不同的。运算符重载的一般格式如下：

```
<返回值类型> operator <运算符>(<参数表>)
{
    <函数体>;
}
```

其中，operator 是定义运算符重载函数的关键字。<参数表>中最多有一个形参。

以复数类 Complex 为例，说明运算符重载的具体方式。如果要完成与复数相关的运算，用户可以自定义一个复数类 Complex 完成复数运算。源代码如下：

```
class Complex                                              //复数类
{
public:
    Complex(double r = 0.0,double i = 0.0){m_fReal = r;m_fImag = i;}  //构造函数
```

```
        double Real(){return m_fReal;}              //返回复数的实部
        double Imag(){return m_fImag;}              //返回复数的虚部
        Complex operator + (Complex &c);            //重载运算符"+",复数加复数
        Complex operator + (double d);              //重载运算符"+",复数加实数
        Complex operator - (Complex &c);            //重载运算符"-",复数减复数
        Complex operator = (Complex x);             //重载运算符"=",复数赋值
private:
        double m_fReal,m_fImag;                      //私有数据成员
};
```

说明：进行运算符重载，不过是将原函数名替换为关键字 operator 和相应运算符。除此之外,在该方法的具体实现代码中没有任何不同之处。从本质上讲,运算符重载就是函数重载,是另一种形式的函数调用而已。但是运算符重载也有别于函数重载,运算符重载的函数参数就是该运算符涉及的操作数,因此运算符重载在参数个数上是有限制的,这是它与函数重载的不同之处。

5.6.2　运算符重载规则

重载运算符应遵循如下规则。

（1）C++的运算符除了少数几个之外,其他的可以重载,而且只能重载已有的运算符,不可臆造新的运算符。因为基本数据类型之间的关系是确定的,如果允许定义新运算符,那么,基本数据类型的内在关系将混乱。

不能重载的运算符只有 6 个,它们是成员访问运算符". "、成员指针运算符" * "和"->"、作用域运算符"∷"、sizeof 运算符以及三目运算符"?:"。前面 3 个运算符保证了 C++中访问成员功能的含义不被改变。作用域运算符和 sizeof 运算符的操作数是数据类型,而不是普通的表达式,也不具备重载的特征。

（2）重载之后运算符的优先级和结合性都不会改变,并且要保持原运算符的语法结构。参数和返回值类型可以重新说明。

（3）运算符重载是针对新类型数据的实际需要,对原有运算符进行适当的改造。一般来讲,重载的功能应当与原有功能类似,不能改变原运算符的操作数个数,同时至少要有一个操作数的类型是自定义类型。

（4）运算符重载有两种方式：重载为类的成员函数和重载为类的友元函数。当运算符重载为类的成员函数时,函数的参数个数应比原来的操作数个数少一个(后缀"++"和后缀"--"除外）；当重载为类的友元函数时,参数个数与原操作数个数相同。原因是重载为类的成员函数时,如果某个对象调用重载的成员函数,自身的数据可以直接访问,就无须再放在参数表中进行传递,少了的操作数就是该对象本身；而重载为友元函数时,友元函数对某个对象的数据进行操作,就必须通过该对象的名称进行,因此使用到的参数都要进行传递,参数个数与运算符原操作数个数相同。一般将单目运算符重载为成员函数,而双目运算符则重载为友元函数。

（5）当运算符重载为类的成员函数时,由于单目运算除了对象以外没有其他参数,因此重载"++"和"--"运算符,不能区分是前缀操作还是后缀操作。C++约定,在参数表中放上一个整型参数,表示后缀运算符。

5.6.3　运算符重载为成员函数

运算符重载为成员函数后，它就可以自由地访问类的所有成员。实际使用时，总是通过该类的某个对象访问重载的运算符。此时，运算符重载函数的参数最多一个。如果是双目运算符，左操作数一定是对象本身，由 this 指针给出，另一个操作数则需要通过运算符重载函数的参数表传递；如果是单目运算符，操作数由对象的 this 指针给出，就不再需要任何参数。

例 5-7　示例运算符重载为成员函数形式。复数类加法、减法和赋值运算符重载。

```
//example 5_7.cpp
# include < iostream >
using namespace std;
class Complex                              //复数类
{
public:
    Complex(double r = 0.0,double i = 0.0){m_fReal = r;m_fImag = i;}   //构造函数
    double Real(){return m_fReal;}         //返回复数的实部
    double Imag(){return m_fImag;}         //返回复数的虚部
    Complex operator + (Complex &c);       //复数加复数
    Complex operator + (double d);         //复数加实数
    Complex operator - (Complex &c);       //复数减复数
    Complex operator = (Complex x);        //复数赋值
private:
    double m_fReal,m_fImag;                //私有数据成员
};
Complex Complex::operator + (Complex &c)   //重载运算符" + ",两个复数相加
{
    Complex temp;
    temp.m_fReal = m_fReal + c.m_fReal;    //实部相加
    temp.m_fImag = m_fImag + c.m_fImag;    //虚部相加
    return temp;
}
Complex Complex::operator + (double d)     //重载运算符" + ",一个复数加一个实数
{
    Complex temp;
    temp.m_fReal = m_fReal + d;
    temp.m_fImag = m_fImag;
    return temp;
}
Complex Complex::operator - (Complex &c)   //重载运算符" - ",两个复数相减
{
    Complex temp;
    temp.m_fReal = m_fReal - c.m_fReal;    //实部相减
    temp.m_fImag = m_fImag - c.m_fImag;    //虚部相减
    return temp;
}
Complex Complex::operator = (Complex c)    //重载运算符" = "
{
```

```
    m_fReal = c. m_fReal;
    m_fImag = c. m_fImag;
    return * this;                          //* this 表示当前对象
}
int main()
{
    Complex c1(3,4),c2(5,6),c3,c4;          //定义复数类的对象
    cout <<"c1 = "<< c1. Real()<<" + j"<< c1. Imag()<< endl;
    cout <<"c2 = "<< c2. Real()<<" + j"<< c2. Imag()<< endl;
    c3 = c1 + c2;                           //调用运算符" + "" = "重载函数,完成复数加复数
    cout <<"c3 = c1 + c2 = "<< c3. Real()<<" + j"<< c3. Imag()<< endl;
    c3 = c3 + 6.5;                          //调用运算符" + "" = "重载函数,完成复数加实数
    cout <<"c3 + 6.5 = "<< c3. Real()<<" + j"<< c3. Imag()<< endl;
    c4 = c2 - c1;                           //调用运算符" - "" = "重载函数,完成复数减复数
    cout <<"c4 = c2 - c1 = "<< c4. Real()<<" + j"<< c4. Imag()<< endl;
    return 0;
}
```

该程序的运行结果为:

```
c1 = 3 + j4
c2 = 5 + j6
c3 = c1 + c2 = 8 + j10
c3 + 6.5 = 14.5 + j10
c4 = c2 - c1 = 2 + j2
```

说明: 在本例中把复数的加法、减法和赋值运算符重载为复数类的成员函数。可以看出,除了在函数声明和实现的时候使用了关键字 operator 之外,运算符重载成员函数与类的普通成员函数没有区别,在使用的时候,可以直接通过运算符对操作数操作的方式完成函数调用。这时,运算符原有的功能都不改变,对整型数、浮点数等基本类型数据的运算仍然遵循 C++预定义的规则。由此可见,运算符作用于不同的对象上,就会导致不同的操作行为,具有了更广泛的多态特征。

例 5-8 示例单目运算符"++"重载为成员函数形式。

```
//example 5_8.cpp
# include < iostream >
using namespace std;
class Clock                                 //时钟类
{
public:
    Clock( int NewH = 0, int NewM = 0, int NewS = 0);
    void ShowTime();
    void operator++();                      //前缀单目运算符重载函数的声明
    void operator++(int);                   //后缀单目运算符重载函数,加 int 参数以示区分
private:
    int Hour,Minute,Second;
};
Clock::Clock( int NewH, int NewM, int NewS)  //构造函数
{
    if(0 < = NewH&&NewH < 24&&0 < = NewM&&NewM < 60&&0 < = NewS&&NewS < 60)
```

```
    {
        Hour = NewH;
        Minute = NewM;
        Second = NewS;
    }
    else
        cout <<"Time error!"<< endl;
}
void Clock::ShowTime()                    //显示时间函数的实现
{
    cout << Hour <<":"<< Minute <<":"<< Second << endl;
}
void Clock::operator++()                  //前缀单目运算符重载函数的实现
{
    Second++;
    if(Second >= 60)
    {
        Second = Second - 60;
        Minute++;
        if(Minute >= 60)
        {
                Minute = Minute - 60;
            Hour++;
            Hour = Hour % 24;
        }
    }
        cout <<"++Clock:";
}
void Clock::operator++(int)               //后缀单目运算符重载函数的实现
{
        Second++;
        if(Second >= 60)
        {
            Second = Second - 60;
            Minute++;
            if(Minute >= 60)
            {
                Minute = Minute - 60;
                Hour++;
                Hour = Hour % 24;
            }
        }
        cout <<"Clock++:";
}
int main()
{
    Clock myClock(11,59,59);
    cout <<"First time output:";
    myClock.ShowTime();
    myClock++;
    myClock.ShowTime();
```

```
        ++myClock;
        myClock.ShowTime();
        return 0;
}
```

该程序的运行结果为：

```
First time output:11:59:59
Clock++:12:0:0
++Clock:12:0:1
```

说明：本例中，作为成员函数的前缀单目运算符重载函数没有参数，而后缀单目运算符重载函数有一个整型参数。这个整型参数在函数体中并不使用，仅用于区别前缀与后缀，因此参数表中只给出了类型名，没有参数名。

思考题：如果要进行实数加复数的运算，应该怎么办？

我们知道，运算符重载为成员函数后，如果是双目运算符，左操作数一定是对象本身，由 this 指针给出，而现在左操作数是一个实数，这时需要用友元来实现。

5.6.4　友元及运算符重载函数

根据类的封装性，一般将数据成员声明为私有成员，外部不能直接访问，只能通过类的公有成员函数对私有成员进行访问。有时，需要频繁地调用成员函数访问私有成员，这就存在一定的系统开销。C++从高效的角度出发，提供友元机制，使被声明为友元的全局函数或者其他类可以直接访问当前类中的私有成员，又不改变其私有成员的访问权限。

1. 友元的作用

友元不是类的成员，但能直接访问类的所有成员，避免了频繁调用类的成员函数。使用友元可以节约开销，提高程序的效率。但友元破坏了类的封装性，这也从侧面说明了C++不是完全的面向对象语言，它的设计目的是实用，增加友元机制是为了解决一些实际问题。

2. 友元的定义

如果友元是普通函数，且是另一个类的成员函数，称为友元函数；如果友元是一个类，则称为友元类。友元类的所有成员函数都称为友元函数。友元函数和友元类在被访问的类中声明，其格式分别如下：

```
friend <返回值类型> <函数名>(<参数表>);
```

```
friend <类名>;
```

例 5-9　示例友元。计算屏幕上两点之间的距离。

```
//example 5_9.cpp
# include < iostream >
# include < cmath >
```

```
using namespace std;
class TPoint
{
public:
    TPoint(double a, double b)
    {
        x = a;
        y = b;
        cout <<"point:("<< x <<","<< y <<")"<< endl;
    }
    friend double distance1(TPoint &a, TPoint &b);          //友元函数的声明
private:
    double x, y;
};
double distance1(TPoint &a, TPoint &b)                      //被定义为友元的普通函数
{
    return sqrt((a.x - b.x) * (a.x - b.x) + (a.y - b.y) * (a.y - b.y));  //访问私有成员
}
int main()
{
    TPoint p1(2,3), p2(4,5);
    cout <<"the distance between two point is:"<< distance1(p1,p2)<< endl;
    return 0;
}
```

该程序的运行结果为：

```
point:(2,3)
point:(4,5)
the distance between two point is:2.82843
```

说明：在 TPoint 类中声明友元函数时，只给出了友元函数原型，友元函数 distance()的实现是在类外。在友元函数中通过对象名直接访问了 TPoint 类中的私有数据成员 x 和 y。

注意：友元函数一定不是本类的成员函数。即使将友元函数的实现放在类中，仍是友元函数。

思考题：将友元的函数体放在类中，其结果如何？

上例中的友元函数是一个普通函数，同样，另外一个类的成员函数也可以是友元函数，其使用与普通函数作为友元函数的使用基本相同，只是在使用该友元时要通过相应的类或对象名来访问。

另外，类也可以声明为另一个类的友元。若 A 类为 B 类的友元类，则 A 类的所有成员函数都是 B 类的友元函数，都可以访问 B 类的私有成员和保护成员。

例 5-10 示例友元类。

```
//example 5_10.cpp
# include < iostream >
# include < cmath >
using namespace std;
class A
{
```

```
public:
    A(){x = 5;}
    friend class B;                                    //友元类的声明
private:
    int x;
};
class B
{
public:
    void disp1(A tmp){tmp.x++;cout <<"disp1:x = "<< tmp.x << endl;}//访问私有成员
    void disp2(A tmp){tmp.x -- ;cout <<"disp2:x = "<< tmp.x << endl;}
};
int main()
{
    A obj1;
    B obj2;
    obj2.disp1(obj1);
    obj2.disp2(obj1);
    return 0;
}
```

该程序的运行结果为：

```
disp1:x = 6
disp2:x = 4
```

说明：

（1）友元关系是不能传递的。B 类是 A 类的友元，C 类是 B 类的友元，C 类和 A 类之间，如果没有声明，就没有任何友元关系，不能进行数据共享。

（2）友元关系是单向的。如果声明 B 类是 A 类的友元，B 类的成员函数就可以访问 A 类的私有成员和保护成员，但 A 类的成员函数不能访问 B 类的私有成员和保护成员，除非声明 A 类是 B 类的友元。

下面对友元的相关知识进行小结。

（1）友元的出现主要是为了解决一些实际问题，友元本身不是面向对象的内容。

（2）通过友元机制，一个类或函数可以直接访问另一类中的非公有成员。

（3）可以将全局函数、类、类的成员函数声明为友元。

（4）友元关系是不能传递的。B 类是 A 类的友元，C 类是 B 类的友元，C 类和 A 类之间，如果没有声明，就没有任何友元关系，不能进行数据共享。

（5）友元关系是单向的，如果声明 B 类是 A 类的友元，B 类的成员函数就可以访问 A 类的私有成员和保护成员。但 A 类的成员不能访问 B 类的私有成员和保护成员，除非声明 A 类是 B 类的友元。

（6）友元关系是不能继承的。B 类是 A 类的友元，C 类是 B 类的派生类，则 C 类和 A 类之间没有任何友元关系，除非 C 类声明 A 类是友元。

3. 运算符重载为友元函数

运算符重载为类的友元函数，它也可以自由地访问类的所有成员。不同的是，运算符所需要的操作数都需要通过函数的形参传递，在参数表中参数从左至右的顺序就是运算符操作数的顺序。

运算符重载为类的友元函数的一般格式如下：

```
friend <返回值类型> operator <运算符>(<参数表>)
{
    <函数体>;
}
```

其中，<参数表>最多有两个形参。

例 5-11　示例实数加复数运算符重载为友元函数形式。

```cpp
//example 5_11.cpp
# include < iostream >
using namespace std;
class Complex
{
    double m_fReal, m_fImag;
public:
    Complex(double r = 0, double i = 0):m_fReal(r), m_fImag(i){}
    double Real(){return m_fReal;}
    double Imag(){return m_fImag;}
    Complex operator + (double);
    Complex operator = (Complex);
    friend Complex operator + (double, Complex&);   //友元函数
};
Complex Complex::operator + (double d)
{
    Complex temp;
    temp.m_fReal = m_fReal + d;
    temp.m_fImag = m_fImag;
    return temp;
}
Complex Complex::operator = (Complex c)
{
    m_fReal = c.m_fReal;
    m_fImag = c.m_fImag;
    return * this;
}
Complex operator + (double d, Complex &c)           //普通函数
{
    Complex temp;
    temp.m_fReal = d + c.m_fReal;
    temp.m_fImag = c.m_fImag;
    return temp;
}
int main()
{
    Complex c1(3, 4), c2, c3;
```

```
        cout <<"c1 = "<< c1.Real()<<" + j"<< c1.Imag()<< endl;
        c2 = c1 + 6.5;                               //先调用成员函数" + ",再调用成员函数" = "
        cout <<"c2 = c1 + 6.5 = "<< c2.Real()<<" + j"<< c2.Imag()<< endl;
        c3 = 6.5 + c1;                               //先调用友元函数" + ",再调用成员函数" = "
        cout <<"c3 = 6.5 + c1 = "<< c3.Real()<<" + j"<< c3.Imag()<< endl;
        return 0;
}
```

该程序的运行结果为：

```
c1 = 3 + j4
c2 = c1 + 6.5 = 9.5 + j4
c3 = 6.5 + c1 = 9.5 + j4
```

说明：如果把运算符"＋"重载为成员函数，其左操作数一定是当前对象，因此不能完成实数加复数的运算，将运算符"＋"重载为友元函数就可以完成。事实上，在C++标准库中，已经为用户提供了与复数有关的库函数，它们包含在< complex >头文件中。在实际应用中，用户只需要将此头文件包含到源程序文件中即可。

5.7 类型转换

C++是一种强类型语言。编译时，对不同类型的值进行复制通常需要显示转换（或强制转换）。

5.7.1 显示转换

通用的显式转换有再构造和类C两种方式。

```
double x = 10.3;
int y;
y = int (x);                    //再构造方式
y = (int) x;                    //类C方式
```

对于基本数据类型的大多数需求，通用显式转换是足够的。但是，通用显式转换可以不加区分地应用于指针，这样即使编译通过了也会导致运行时错误。例如，下面的代码编译没有错误。

例 5-12 示例显示转换。

```
//example 5_12.cpp
# include < iostream >
using namespace std;
class Dummy
{
    double i, j;
};
class Addition
{
public:
```

```
        Addition (int a, int b) { x = a; y = b; }
        int result() { return x + y; }
private:
        int x, y;
};
int main()
{
        Dummy d;
        Addition * padd;
        padd = (Addition * ) &d;
        cout << padd -> result();
        return 0;
}
```

程序声明一个指向 Addition 的指针，但是它使用通用显式转换为其赋值，指向了另一个不相关类型的对象：

```
padd = (Addition * ) &d;
```

由此看出，通用显式转换是无限制的。这种无限制显式转换允许将指针转换为任何其他指针，随后对成员结果的调用将产生运行时错误或其他意外的结果。为了避免这种错误，也为了规范和控制指针之间的显式转换，C++引入了 4 个特定的转换运算符。

5.7.2　特定的 4 个转换运算符

C++引入的 4 个特定转换运算符是：dynamic_cast、static_cast、reinterpret_cast 和 const_cast。它们的格式如下：

```
dynamic_cast <新类型> (表达式)
static_cast <新类型> (表达式)
reinterpret_cast <新类型> (表达式)
const_cast <新类型> (表达式)
```

它们能代替通用显式转换的功能，且每一个都有其特殊的意义，是 C++ 的类型转换多态。

1. 动态转换 dynamic_cast

dynamic_cast 只能用于类的指针或引用（或 void * ）。其目的是确保转换的结果指向目标类型的有效完整对象。

动态转换既可以向上转换（派生类到基类），也可以向下转换（基类到派生类）。向上转换是为了实现泛化，其方式与隐式转换所允许的方式相同；而向下转换是为了实现多态，当且仅当基类指针指向一个派生类的有效完整对象时，向下转换才能成功，否则转换的结果为空指针。

例 5-13　示例动态转换。

```
//example 5_13.cpp
# include < iostream >
# include < exception >
```

```
using namespace std;
class Base { virtual void dummy() {} };
class Derived: public Base { int a; };
int main ()
{
    Base * pba = new Derived;
    Base * pbb = new Base;
    Derived * pd;
    pd = dynamic_cast < Derived * >(pba);
    if (pd == 0)
        cout << "Null pointer on first type - cast. \n";
    pd = dynamic_cast < Derived * >(pbb);
    if (pd == 0)
        cout << "Null pointer on second type - cast. \n";
    return 0;
}
```

该程序的运行结果为：

```
Null pointer on second type - cast.
```

上面的代码尝试从 Base * (pba 和 pbb)类型的指针对象向 Derived * 类型的指针对象执行两个动态转换，但只有第一个成功。注意它们各自的初始化：

```
Base * pba = new Derived;
Base * pbb = new Base;
```

尽管两者都是 Base * 类型的指针，但是 pba 实际上指向了 Derived 类型的对象，而 pbb 指向了 Base 类型的对象。因此，当使用 dynamic_cast 执行各自的类型转换时，pba 指向 Derived 类的完整对象，而 pbb 指向 Base 类的对象，这是 Derived 类的不完整对象。

当动态转换失败时，会返回一个空指针指示失败，如果转换的不是指针而是引用，则会抛出类型为 bad_cast 的异常。

2. 静态转换 static_cast

static_cast 的作用和动态转换相似，区别在于静态转换不会进行完整性检查。如果将基类对象的基类指针转换为派生类指针，则转换的结果实际指向一个不完整的派生类对象，例如：

```
class Base {};
class Derived: public Base {};
Base * a = new Base;
Derived * b = static_cast < Derived * >(a);
```

以上代码是有效的，尽管 b 指向了一个不完整的 Derived 对象。后续对 b 进行的成员访问操作如果超出了 a 的范围，会导致严重的运行时错误和内存错误。

因此在实际应用中，静态转换应谨慎使用。只有对类型转换的上下文有十足的把握，才可以使用静态转换节约完整性检查的开销。特别地，把派生类指针转换成基类指针是 static_cast 最常见的用法，因为派生类包含了基类的所有成员，是绝对安全的：

```
class Base {};
class Derived: public Base {};
void f(Base *){/* … */}
Derived *b = new Derived;
f(static_cast<Base *>(b));
```

以上代码中由于 b 所指向的对象包含了 Base 类型的所有成员，所以提倡使用 static_cast 节省完整性检查的开销。

3. 重释转换 reinterpret_cast

reinterpret_cast 用于对位的简单重新解释，可以将指针转换为任意其他指针类型，也可以将指针转换为长度足够长的整数类型或将长整数转换为任意指针。重释转换是简单二进制复制，不进行任何安全性检查。

```
class A { /* ... */ };
class B { /* ... */ };
A *a = new A;
B *b = reinterpret_cast<B *>(a);
auto c = reinterpret_cast<long long>(a);
a = reinterprete_cast<A *>(c);
```

以上代码中将 A*a 转换成 B*b 同样是非常不安全的行为，几乎无任何意义，因此不建议在应用中使用重释转换将指针转换为其他指针，除非对上下文有足够的把握。

4. 弃常转换 const_cast

const_cast 将任意具有 const 特性的指针或引用转换为一个指向同一对象的指针或引用，并且该指针或引用的 const 特性被移除。

例 5-14　示例弃常转换。

```
//example 5_14.cpp
#include<iostream>
using namespace std;
void print(char *str)
{
    cout << str << '\n';
}
int main()
{
    const char *c = "sample text";
    print( const_cast<char *>(c) );
    return 0;
}
```

该程序的运行结果为：

```
sample text
```

5.8 本章小结

多态性是指同样的消息被不同类型的对象接收时导致不同行为的特征，是对行为的再抽象。这里同样的消息是指用同一函数名对函数的调用，不同行为是指不同的函数实现，也就是调用了不同的函数。

多态从实现的角度可以分为两类：编译时多态和运行时多态，分别通过静态联编和动态联编方式实现。函数重载和运算符重载是静态联编的体现，而动态联编通过继承和虚函数实现。

虚函数是用 virtual 关键字声明的非静态成员函数。虚函数是实现动态联编的基础，可以通过基类指针指向派生类对象，访问派生类的同名函数。这样，通过基类指针，就可以导致不同派生类的不同对象对同样的消息产生不同的行为，从而实现运行时多态。如果在基类不定义虚函数，那么通过基类指针只能访问基类的同名成员，尽管将基类指针指向派生类对象也是如此，是静态联编的结果。另外，要实现多态性在派生类中的延伸，派生类中的同名函数必须与基类的虚函数形式（即返回值类型和参数）一致，否则派生类中的同名函数将失去多态性。

纯虚函数是只给出了函数声明，而未给出具体实现且值为 0 的虚函数。包含纯虚函数的类称为抽象类。抽象类主要为派生类的多态提供共同的基类。抽象类不能生成对象，不能作为参数类型、函数返回值类型或显式转换的类型，其中的纯虚函数就是公共接口，在不同派生类中再给出虚函数的不同实现。可以声明指针或引用，作用于派生类对象实现多态性。

运算符重载是赋予系统预定义的运算符多重含义，使得预定义运算符能够对类对象进行运算。运算符重载实质上就是函数重载，但不同的是，运算符重载函数对参数个数有限制，并保持优先级、结合性以及语法结构不变等特性。在实现过程中，首先把指定的运算表达式转化为对运算符重载函数的调用，运算对象转化为运算符重载函数的实参，然后根据实参的类型确定需要调用的函数，这个过程是在编译阶段完成的。

运算符可以重载为成员函数或者友元。类的友元可以访问该类的所有成员。友元可以是普通函数、其他类的成员函数，也可以是其他类。友元在类之间、类与普通函数之间共享了内部封装的数据，对类的封装性有一定的破坏。友员关系既不能传递，也不可逆。

C++引入了 4 个特定转换运算符：dynamic_cast、static_cast、reinterpret_cast 和 const_cast。它们能代替通用显式转换的功能，且每一个都有其特殊的意义，是 C++的类型转换多态。

5.9 习题

1. 什么是多态性？在 C++中是如何实现多态的？
2. 虚函数与重载在设计方法上有何异同？
3. 编写一个时间类，实现时间的加、减、读和输出。
4. 定义一个哺乳动物 Mammal 类，再由此派生出狗 Dog 类，两者都定义 Speak()成员函数，基类中定义为虚函数，定义一个 Dog 类的对象，调用 Speak()函数，观察运行结果。

5．写出下面程序的运行结果，并回答问题。

```
# include < iostream >
using namespace std;
class Point
{
public:
    Point(int x1,int y1){x = x1;y = y1;}
    int area() const {return 0;}
private:
    int x,y;
};
class Rect:public Point
{
public:
    Rect(int x1,int y1,int u1,int w1): Point(x1,y1)
    {
        u = u1;w = w1;
    }
    int area() const {return u * w;}
private:
    int u,w;
};
void fun(Point &p)
{
    cout << p. area()<< endl;
}
int main()
{
    Rect rec(2,4,10,6);
    fun(rec);
    return 0;
}
```

如果将 Point 类的 area()函数定义为虚函数，其运行结果是什么？为什么？

6．在 C++中，能否声明虚构造函数？为什么？能否声明虚析构函数？有何用途？

7．什么是抽象类？抽象类有何作用？抽象类的派生类是否一定要给出纯虚函数的实现？

8．定义一个 Shape 抽象类，在此基础上派生出 Rectangle 和 Circle 类，二者都由 GetArea()函数计算对象的面积，GetPerim()函数计算对象的周长。使用 Rectangle 类派生一个新类 Square。

9．写出下面程序的运行结果，并回答问题。

```
# include < iostream >
using namespace std;
class A
{
public:
    A(int i):k(i){}
```

```
        virtual void operator!()
        {
            cout <<"A: K = "<< k << endl;
        }
protected:
    int k;
};
class B:public A
{
public:
    B( int n = 0):A(0),j(n){k++;}
    virtual void operator!()
    {
        cout <<"B: K = "<< k <<",J = "<< j << endl;
    }
protected:
    int j;
};
class C:public B
{
public:
    C( int n = 0):B(0),m(n){k++;j++;}
    virtual void operator!()
    {
        cout <<"C: K = "<< k <<",J = "<< j <<",M = "<< m << endl;
    }
private:
    int m;
};
int main()
{
    B b(5);
    C c(3);
    A a(2);
    A *  ab = &a;
    ! * ab;
    !b;
    !c;
    A &ba = (A)b;
    !ba;
    A &ca = (B)c;
    !ca;
    B &cb = c;
    !cb;
    return 0;
}
```

如果将 A 类的虚函数定义为普通成员函数，其结果如何？为什么？如果将 C 类改为 A 类的公有派生类，应做如何修改才能使程序正常运行？

10. 前缀自加和后缀自加运算符重载时如何区别？

11. 为什么要定义友元？友元有哪几种类型？

12. 改正下面代码的错误。

```cpp
# include < iostream >
using namespace std;
class Animal;
void SetValue(Animal&, int);
void SetValue(Animal&, int, int);
class Animal
{
public:
    friend void setValue(Animal&, int);
protected:
    int itsWeight;
    int itsAge;
};
void SetValue(Animal& ta, int tw)
{
    ta.itsWeight = tw;
}
void SetValue(Animal& ta, int tw, int tn)
{
    ta.itsWeught = tw;
    ta.itsAge = tn;
}
int main()
{
    Animal peppy;
    SetValue(peppy, 5);
    SetValue(peppy, 7, 9);
    return 0;
}
```

13. 将第 12 题程序中的友元改成普通函数，为此增加访问类中保护数据的成员函数。

实验 5.1   虚函数的使用

一、实验目的

1. 理解多态的概念。
2. 理解函数的静态联编和动态联编。
3. 掌握虚函数的定义。
4. 理解虚函数在类的继承层次中的作用、虚函数的引入对程序运行时的影响，掌握其使用。

二、实验内容

虚函数是在类中被声明为 virtual 的成员函数，当编译器看到通过指针或引用调用此类函数时,对其执行动态联编,即通过指针(或引用)指向的类的类型信息决定该函数是哪个类的。通常此类指针或引用都是声明为基类的,它可以指向基类或派生类的对象。多态指同一个方法根据其所属的不同对象可以有不同的行为。

　　虚函数是C++中用于实现多态(polymorphism)的机制。核心理念就是通过基类访问派生类定义的函数。

　　1. 输入下面程序,并分析结果。

```cpp
# include < iostream >
# include < complex >
using namespace std;

class Base
{
public:
    Base() {cout <<"Base - ctor"<< endl;}
    ~Base() {cout <<"Base - dtor"<< endl;}
    virtual void f(int){cout <<"Base::f(int)"<< endl;}
    virtual void f(double){cout <<"Base::f(double)"<< endl;}
    virtual void g(int i = 10){cout <<"Base::g()"<< i << endl;}
};
class Derived : public Base
{
public:
    Derived() {cout <<"Derived - ctor" << endl;}
    ~Derived(){cout <<"Derived - dtor"<< endl;}
    void f(complex < double >) {
    cout <<"Derived::f(complex)"<< endl;
}
void g(int i = 20){
    cout <<"Derived::g()"<< i << endl;
}
};
int main()
{
cout << sizeof(Base)<< endl;
cout << sizeof(Derived)<< endl;

Base b;
Derived d;
Base * pb = new Derived;
b.f(1.0);
d.f(1.0);
pb -> f(1.0);
b.g();
d.g();
pb -> g();
delete pb;
return 0;
}
```

2. 输入下面程序，分析运行结果。

```cpp
# include < iostream >
using namespace std;
class Base
{
public:
Base():data(count)
{
    cout <<"Base - ctor"<< endl;
    ++count;
}
~Base()
{
    cout <<"Base - dtor"<< endl;
     -- count;
}
static int count;
int data;
};
int Base::count;
class Derived : public Base
{
public:
Derived():data(count),data1(data)
{
    cout <<"Derived - ctor"<< endl;
    ++count;
}
~Derived()
{
    cout <<"Derived - dtor"<< endl;
     -- count;
}
static int count;
int data1;
int data;
};
int Derived::count = 10;
int main()
{
cout << sizeof(Base)<< endl;
cout << sizeof(Derived)<< endl;

Base * pb = new Derived[3];
cout << pb[2].data << endl;
cout <<((static_cast < Derived * >(pb)) + 2) - > data1 << endl;
delete[] pb;

cout << Base::count << endl;
cout << Derived::count << endl;
```

```
return 0;
}
```

三、实验要求

1. 写出程序,并调试程序,给出测试数据和实验结果。
2. 整理上机步骤,总结经验和体会。
3. 完成实验报告和上交程序。

实验 5.2　抽象类的使用

一、实验目的

1. 了解抽象类的概念。
2. 灵活应用抽象类。

二、实验内容

1. 输入下面程序,分析编译错误信息。

```cpp
# include < iostream >
# include < new >
# include < assert. h >
using namespace std;
class Abstract
{
public:
    Abstract()
    {
        cout << "in Abstract()\n";
    }
    virtual void f() = 0;
};
int main()
{
    Abstract * p = new Abstract;
    p->f();
    return 0;
}
```

2. 基类 Shape 类是一个表示形状的抽象类,area()为求图形面积的函数。请从 Shape 类派生三角形类(Triangle)、圆类(Circles),并给出具体的求面积函数。

```cpp
# include < iostream. h >
class shape
{
public:
virtual float area( ) = 0;
};
```

3. 定义一个抽象类 Base,在该类中定义一个纯虚函数"virtual void abstractMethod()＝0;",派生一个基于 Base 的派生类 Derived,在派生类 Derived 的 abstractMethod()方法中输出 "Derived::abstractMethod is called",最后编写主函数,其内容如下:

```
int main()
{
    Base * pBase = new Derived;
    pBase->abstractMethod();
    delete pBase;
    return 0;
}
```

分析运行结果。

三、实验要求

1. 写出程序,并调试程序,给出测试数据和实验结果。
2. 整理上机步骤,总结经验和体会。
3. 完成实验报告和上交程序。

实验 5.3 运算符重载和友元

一、实验目的

1. 掌握运算符重载和友元的概念。
2. 掌握使用友元重载运算符的方法。

二、实验内容

1. 设计一个类,用自己的成员函数重载运算符,使对整型的运算符＝、＋、－、＊、/适用于分数运算。

要求:

(1) 输出结果是最简分数(可以是带分数)。

(2) 分母为 1,只输出分子。

2. 用友元函数重载运算符,使对整型的运算符＝、＋、－、＊、/适用于分数运算。

三、实验要求

1. 写出程序,并调试程序,给出测试数据和实验结果。
2. 整理上机步骤,总结经验和体会。
3. 完成实验报告和上交程序。

第6章
模板

模板是 C++ 面向对象技术更高一级抽象和参数多态性的体现,是提高软件开发效率的一个重要手段。采用模板编程使程序员能够迅速建立具有类型安全的函数集合和类库集合,它的实现进一步提高了代码的重用性,更方便了大型软件的开发。本章首先介绍模板的概念,然后介绍函数模板和类模板的定义与使用,以便读者能正确使用系统提供的标准模板库 STL。

6.1　模板的概念

在 C++ 标准库中,几乎所有代码都是模板代码。模板是对具有相同特性的函数或类的再抽象。模板是一种参数化多态性的工具,可以为逻辑功能相同而类型不同的程序提供一种代码共享的机制。

一个模板并非一个实实在在的函数或类,仅仅是一个函数或类的描述,是参数化的函数和类。模板分为函数模板和类模板,通过参数实例化可以再构造出具体的函数或类,称为模板函数和模板类,它们之间的关系如图 6-1 所示。

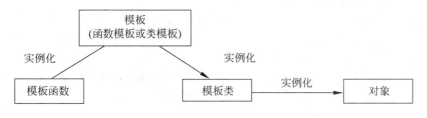

图 6-1　模板与其实例之间的关系

6.2　函数模板与模板函数

可以把逻辑功能相同而函数参数和返回值类型不同的多个重载函数用一个函数来描述,这将会给程序设计带来极大的方便。参数化(parameterize)的函数称为函数模板,代表的是一个函数家族。

6.2.1　函数模板的定义

函数模板的定义格式如下：

```
template <模板参数表>
<返回值类型> <函数名>(<参数表>)
{
    <函数体>
}
```

其中，template 是定义一个模板的关键字。<模板参数表>中包含一个或多个用逗号分开的模板参数项，每一项都由保留字 class 开始，后跟一个用户命名的标识符，此标识符为模板参数，表示一种数据类型，该数据类型在进行函数调用时决定，在使用函数模板时，必须将其实例化，即用实际的数据类型替代它，函数模板中可以利用这些模板参数定义函数返回值类型、参数类型和函数体中的变量类型。它同基本数据类型一样，可以在函数中的任何地方使用。<参数表>必须至少有一个参数说明，并且在<模板参数表>中的每个模板参数都必须在<参数表>中得到使用，即作为形参的类型使用。

函数模板的定义只是一种说明，不是一个具体的函数，编译系统不为其产生任何执行代码，只有当编译系统在程序的编译过程中发现了一个具体的函数调用时，才根据具体的参数类型生成相应的代码，此时的代码被称为模板函数，即由函数模板生成的具体的一个函数。所以，函数模板只是模板函数的一个抽象定义，不涉及具体的数据类型；而模板函数是函数模板的一个具体实例，涉及参数中的具体类型。因此，重载函数就相当于一个函数模板的显式模板函数，而定义函数模板的目的就是为了不显式地定义模板函数，而由编译系统隐式地完成。

例 6-1　示例函数模板的定义。

```cpp
//example 6_1.cpp
# include < iostream >
using namespace std;
template < class T >                    //模板声明,T 为模板参数
T max(T x, T y)                         //定义函数模板
{
    return (x > y)?x:y;
}
int main()
{
    int x1 = 2, y1 = 3;
    float x2 = 2.5, y2 = 4.5;
    double x3 = 5.54, y3 = 3.56;
    cout <<"The max of x1,y1 is:"<< max(x1,y1)<< endl; //T 为 int
    cout <<"The max of x2,y2 is:"<< max(x2,y2)<< endl; //T 为 float
    cout <<"The max of x3,y3 is:"<< max(x3,y3)<< endl; //T 为 double
    return 0;
}
```

该程序的运行结果为：

```
The max of x1,y1 is:3
The max of x2,y2 is:4.5
The max of x3,y3 is:5.54
```

说明：程序中生成了三个模板函数，为 max(x1,y1)、max(x2,y2)、max(x3,y3)，分别用 int、float、double 将模板参数 T 进行了实例化。

程序中定义的 max() 函数并不是一个真正意义上的函数，是一个函数模板，必须将其模板参数 T 实例化后，才能完成具体的函数功能。将 T 实例化的参数称为模板实参。用模板实参实例化的函数称为模板函数。

6.2.2　模板函数的生成

函数模板是对一组函数的描述，它以任意类型的 T 为参数及函数返回值类型。它不是一个实实在在的函数，编译系统并不产生任何执行代码。当编译系统在程序中发现有与函数模板中相匹配的函数调用时，便生成一个重载函数，该重载函数的函数体与函数模板的函数体相同。该重载函数称为模板函数。它是函数模板的一个具体实例，只处理一种唯一的数据类型。从例 6-1 的实现可以看出函数模板和模板函数的关系如图 6-2 所示。

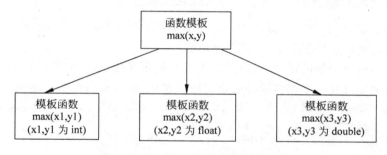

图 6-2　函数模板和模板函数的关系

当利用一个函数调用表达式调用一个函数模板时，系统首先确定模板参数所对应的具体类型，并按该类型生成一个具体函数，然后再调用这个具有确定类型的具体函数。由函数模板在调用时生成具体函数——模板函数。如利用 max(x1,y1) 调用函数模板 max 时，假定 x1 和 y1 均为 int 型实参，则由系统自动生成的模板函数为：

```
int max(int x,int y)
{
    return (x>y?x:y);
}
```

编译系统遇到模板函数调用时，将生成可执行代码。函数模板是定义重载函数的一种工具。一个函数模板只为一种原型函数生成一个模板函数，不同原型的模板函数是重载的。这样就使得一个函数只需编码一次就能用于某个范围的不同类型的对象上。因此，可以说函数模板是提供一组重载函数的样板。

函数模板的实例化是由编译系统在处理函数调用时自动完成的。

6.3　类模板与模板类

如同函数模板一样，使用类模板可以为类定义一种模式，使得类中的某些数据成员、某些成员函数的参数、某些成员函数的返回值能取任意类型。类模板是对一批仅有成员数据类型不同的类的抽象，程序员只要为这一批类所组成的整个类家族创建一个类模板，给出一套程序代码，就可以用来生成多种具体的类（这些类可以看作是类模板的实例），从而大大提高编程的效率。简而言之，参数化的类称为类模板。

6.3.1　类模板的定义

类模板定义的一般格式如下：

```
template <类型参数表>
class <类模板名>
{
    <类成员的声明>
};
```

其中，<类型参数表>中包含一个或多个用逗号分开的类型，参数项可以包含基本数据类型，也可以包含类类型；如果是类类型，则必须加前缀 class。

类模板中的成员函数的定义，可以放在类模板的定义体中（此时与类中的成员函数的定义方法一致），也可以放在类模板的外部定义成员函数，此时成员函数的定义格式如下：

```
template <类型参数表>
<返回值类型> <类模板名><类型名表>::<函数表>(<参数表>)
{
    <函数体>
}
```

其中，<类模板名>即是类模板中定义的名称；<类型名表>即是类模板定义中的类型形式参数表中的参数名。

例 6-2　示例类模板的定义。已知定义两个类 A 和 B，用类模板实现。

```
class A
{
public:
    A(int y):x(y){}
    int fn(){return x * x * x;}
private:
    int x;
};
class B
{
public:
```

```
    B(double y):x(y){}
    double fn(){return x*x*x;}
private:
    double x;
};
//用类模板实现
template<class T>
class A
{
public:
    A(T y):x(y){}                        //T 的具体类型在使用类模板时指定
    T fn(){return x*x*x;}
private:
    T x;
};
```

6.3.2　类模板的使用

利用类模板的定义只是对类的描述,它本身不是一个实实在在的类。类模板的实例即为模板类,其格式如下:

```
<类模板名><实际的类型>;
```

定义模板类的对象的格式如下:

```
<类模板名><实际的类型><对象名>[(<实参表>)];
```

类模板是生成类的样板,只是对类的描述,是一个类家族的抽象。编译系统不为类模板(包括成员函数定义)创建程序代码,但是通过对类模板的实例化可以生成一个具体的类以及该具体类的对象。当类的参数类型确定后,编译时用类模板把模板参数换成确定的类型,就生成一个具有确定类型的类,这个由类模板经实例化而生成的具体类称为模板类。与函数模板不同的是,函数模板的实例化是由编译系统在处理函数调用时自动完成的,而类模板的实例化必须由程序员在程序中显式地指定。

例 6-3　示例模板类。

```
//example 6_3.cpp
# include<iostream>
using namespace std;
template<typename T>            //用 typename 与 class 等价
class A
{
    T x;                       //类模板定义
public:
    A(T xx):x(xx){}
    T fn(){return x*x*x;}
};
int main()
```

```
{
    A < int > a1(5);                    //编译时生成一个把 T 转换成 int 的模板类,并创建对象 a1
    A < double > a2(5.5);               //生成一个把 T 转换成 double 的模板类,并创建对象 a2
    cout << a1.fn()<<" "<< a2.fn()<< endl;
    return 0;
}
```

该程序的运行结果为:

125 166.375

思考题:将本例中的"A < int > a1(5);"语句替换成"A < float > a1(5);",那么对 T 参数实例化为什么类型? 程序运行结果如何?

6.4 STL 简介

STL 是 Standard Template Library 的缩写,即标准模板库。它是由泛型算法和数据结构组成的通用库。STL 主要由惠普实验室的 Alexander Stepanov 和 Meng Lee 开发实现,并在 1994 年 7 月加入 C++ 的标准中。

在运用 STL 之前,必须掌握模板的使用。在 STL 中,几乎所有的组件都是模板,极大地提高了编码的效率。STL 主要由迭代器(iterator)、算法(algorithm)、容器(container)、函数对象(function object)、内存分配器(allocator)和适配器(adapter)六大部分组成。

6.4.1 容器与算法

与其他许多类库一样,STL 包含容器类——用来包含其他对象的类。STL 中的容器类有 vector、list、deque、set、stack、queue、multiset、map、multimap、hash_set、hash_multiset、hash_map 和 hash_multimap。每个类都是模板,并且可以包含其他各种类型的对象。

例如,在 C++ 中可以用 vector < int >表示一个整型数组,而无须关心内存的分配。

```
vector < int > v(3);              //定义一个有三个元素的向量类,即数组
v[0] = 7;
v[1] = v[0] + 3;                  //v[1] = 10
v[2] = v[0] + v[1];              //v[0] = 7,v[1] = 10,v[2] = 17
```

STL 还包含了大量的算法,用来操作存储在容器中数据。
例如,可以用 reverse 算法使向量中的元素倒序。

```
reverse(v. begin(),v. end());    //v[0] = 17,v[1] = 10,v[2] = 7
```

上面的语句将向量中的元素倒序,代码非常简洁。这是 STL 算法的功劳。STL 的算法高效又优雅,是不可多得的精品。

6.4.2 迭代器

算法调用 reverse(v. begin(),v. end())中的两个参数表示向量中需倒序元素的范围。v. begin()与 v. end()所返回的是向量中元素的指示器,称为迭代器。迭代器是指针的泛化,

而指针本身就是迭代器。

例如,以下代码将数组 d[3]中的三个元素倒序。

```
double d[3] = {1.0,1.1,1.3};
reverse(d,d + 3);
```

其中,d 是数组的首址,这个指针就是一个迭代器。

迭代器的种类有输入迭代器(input iterater)、输出迭代器(output iterater)、前向迭代器(forward iterater)、双向迭代器(bidirectional iterater),以及随机访问迭代器(random access iterater)等。

输入迭代器只能从一个序列中读取数值,这种迭代器可以被修改、引用和进行比较。输出迭代器只能向一个序列写入数据,也可以被修改与引用。前向迭代器结合了输入和输出迭代器的功能,并且能保存迭代器的值,以便从原先的位置重新开始遍历序列。双向迭代器可以用来读与写,除含有前向迭代器的功能外,还可以对本迭代器增值和减值。而随机访问迭代器则是功能最强的迭代器,具有随机读写的功能。

6.4.3 函数对象

STL 的另一重要组成部分是函数对象。STL 中包含了大量的函数对象,函数对象将函数封装在一个对象中,使得它可以作为参数传递给适当的 STL 算法。如同迭代器是指针的泛化一样,函数对象是函数的泛化。有几种不同的函数对象,其中有 Unary Function(一种只有一个参数的函数对象,如 f(x)),与 Binary Function(一种有两个参数的函数对象,如 f(x, y))。

例如,下面的代码定义了一个函数对象,该函数对象的特征是需要采用运算符(operator())来定义。

```
struct mod_3
{
    bool operator()(int& v){return (v % 3 == 0);}
};
```

函数对象是泛型编程的一个重要部分。有了函数对象,不但可以抽象化对象类型,而且还可以抽象所进行的操作。

6.4.4 STL 的使用

STL 的目的是标准化组件,程序员可以直接使用这些现成的组件而无须进行重复开发。事实上,STL 的代码相当高效,尽管其表现相当神秘。学习使用 STL 对程序员来说是一件事半功倍的事。然而学习与使用 STL 对于任何一个程序员来说都是一个挑战。但在入门后就会觉得很有成就感,所写的代码会更加简洁、高效、稳定。

例 6-4 利用 STL 提供的容器和算法,将数组里的三个数倒序输出。

```
//example 6_4.cpp
# include < iostream >
# include < vector >            //向量容器类包含在 vector 头文件中
# include < algorithm >         //倒序算法
```

```
# include < utility >                          //迭代器
using namespace std;                           //访问名字空间 std 的变量和类
int main()
{
    vector < int > v(3);                       //定义一个有三个元素的向量类
    v[0] = 7;                                  //为元素 v[0]赋值
    v[1] = v[0] + 3;                           //v[1] = 10;
    v[2] = v[0] + v[1];                        //v[0] = 7,v[1] = 10,v[2] = 17
    cout <<"output every - one in array:"<< endl;
    vector < int >::iterator out;              //定义一个迭代器 out,指向整型向量
    for(out = v.begin();out!= v.end();++out)
        cout << * out <<" ";
    cout << endl << endl;
    reverse(v.begin(),v.end());                //调用倒序算法:v[0] = 17,v[1] = 10,v[2] = 7
    cout <<"Output every - one in array after reverse:"<< endl;
    for ( int i = 0;i < 3;i++)
        cout << v[i]<<" ";
    cout << endl;
    return 0;
}
```

该程序的运行结果为：

```
Output every - one in array:
7 10 17

Output every - one in array after reverse:
17 10 7
```

6.5　本章小结

　　模板是具有相同特性的函数或类的再抽象，是一种参数化多态性的工具。通俗地说，模板就是一些为多种类型而编写的函数和类，且这些类型都没有指定，当使用模板时，才把希望的类型传递给模板。一个模板并非一个实实在在的函数或类，仅仅是一批函数或类的抽象描述，只有当实例化给出模板参数后才成为实实在在的函数或类，分别称为模板函数或模板类。它是面向对象程序设计中提高软件开发效率的一个重要手段。

　　STL 是 C++标准中的重要一员，其目的是标准化组件，程序员可以直接使用这些现成的组件而无须进行重复开发。运用 STL 所写的代码会更加简洁、高效、稳定。STL 主要由迭代器(iterator)、算法(algorithm)、容器(container)、函数对象(function object)、内存分配器(allocator)和适配器(adapter)六大部分组成。

6.6　习题

1. 编写一个函数模板，实现求不同类型的数的相反数。
2. 编写一个函数模板，实现对不同类型的数组排序。

3. 以下是一个整数链表类的定义：

```
const int maxqueue = 10;
class List
{
public:
    List();
    ~List();
    void Add(int);
    void Remove(int);
    int * Find(int);
    void PrintList();
protected:
    struct Node
    {
        Node * pNext;
        int * pT;
    };
    Node * pFirst;                           //链首结点指针
};
```

（1）编写一个链表的类模板（包括其成员函数定义），让任何类型的对象提供链表结构数据操作。

（2）在应用程序中创建整数链表、字符链表和浮点数链表，并提供一些数据插入链表，在链表中删除一个结点和打印链表所有结点元素，遍历整个链表查找给定对应结点等操作。

实验　STL 的使用

一、实验目的

1. 掌握 VC 中 STL 的使用方法。

2. 掌握容器（container）、模板（template）、游标（iterator）、算法（algorithm）、内存分配器（allocator）、向量（vector）等知识的应用。

二、实验内容

1. vector 向量的使用（目的：理解 STL 中的向量），输入以下程序并运行、分析结果。

```
//# include "stdafx.h" – 如果使用预编译的头文件就包含这个头文件
# include < vector >                    //STL 向量的头文件.这里没有".h"
# include < iostream >                  //包含 cout 对象的头文件
using namespace std;
//保证在程序中可以使用 std 命名空间中的成员
char * szHW = "Hello World";            //这是一个字符数组,以"\0"结束
int main(int argc, char * argv[]) {
    vector < char > vec;                //声明一个字符向量 vector (STL 中的数组)
    //为字符数组定义一个游标 iterator
    vector < char >::iterator vi;
```

```
//初始化字符向量,对整个字符串进行循环
//用来把数据填放到字符向量中,直到遇到"\0"时结束
char * cptr = szHW;                 //将一个指针指向"Hello World"字符串
while ( * cptr != '\0') {
    vec.push_back( * cptr);
    cptr++;
}
//push_back()函数将数据放在向量的尾部
//将向量中的字符一个个地显示在控制台
for (vi = vec.begin(); vi!= vec.end(); vi++)
//这是 STL 循环的规范化的开始——通常是 "!= ",而不是 "<"
//因为"<" 在一些容器中没有定义
//begin()返回向量起始元素的游标(iterators),end()返回向量末尾元素的游标(iterators)
{
    cout << * vi;
}                                   //使用运算符 " * " 将数据从游标指针中提取出来
cout << endl;                       //换行
return 0;
}
```

2. 容器和游标的使用。输入以下程序,并调试、分析结果。

```
# pragma warning(disable:4786)
# include < iostream >
# include < string >
# include < map >
using namespace std;

typedef map< int, string, less< int > > INT2STRING;

void main() {
INT2STRING theMap;
INT2STRING::iterator theIterator;
string theString = "";
int index;
theMap.insert(INT2STRING::value_type(0, "Zero"));
theMap.insert(INT2STRING::value_type(1, "One"));
theMap.insert(INT2STRING::value_type(2, "Two"));
theMap.insert(INT2STRING::value_type(3, "Three"));
theMap.insert(INT2STRING::value_type(4, "Four"));
theMap.insert(INT2STRING::value_type(5, "Five"));
theMap.insert(INT2STRING::value_type(6, "Six"));
theMap.insert(INT2STRING::value_type(7, "Seven"));
theMap.insert(INT2STRING::value_type(8, "Eight"));
theMap.insert(INT2STRING::value_type(9, "Nine"));
for (;;)
{
    cout << "Enter \"q\" to quit, or enter a Number: ";
    cin >> theString;
    if(theString == "q")
    break;
```

```
    for(index = 0; index < theString.length(); index++) {
        theIterator = theMap.find(theString[index] - '0');
        if(theIterator != theMap.end() )
        cout << ( * theIterator).second << " ";
        else
        cout << "[err] ";
    }
    cout << endl;
}
}
```

三、实验要求

1. 写出程序,并调试程序,给出测试数据和实验结果。
2. 整理上机步骤,总结经验和体会。
3. 完成实验报告和上交程序。

第7章 输入输出流

输入输出(I/O)是每个程序的基本功能。输入是指将数据从外部输入设备传送到计算机内存的过程,输出则是将运算结果从计算机内存传送到外部输出设备的过程,然而 C++ 本身没有定义输入和输出操作。在 C++ 程序中,除了可以继续使用 C 语言中的标准 I/O 函数 printf() 和 scanf() 外,C++ 编译系统提供了一组有关输入输出的类,这就是 I/O 流类库,又称 I/O 流库。应用 I/O 流库,不仅能够处理基本类型数据的输入输出,还能够处理用户自定义类型数据的输入输出。本章围绕数据的输入输出,首先介绍流的概念、流库的层次关系,简单介绍系统默认格式的输入输出方法,然后比较详细地介绍两种格式化输入输出方法,最后简单介绍文件的输入输出过程。

7.1 流的概念

输入输出是一种数据传递操作,可以看作是字符序列在计算机内存与外设之间的流动。C++ 将数据从一个对象到另一个对象的流动抽象为"流"。流动的方向不同,构成输入输出流,即 I/O 流。

在 C++ 程序中,数据可以从键盘流入到程序,也可以从程序流向屏幕或磁盘文件。从流中获取数据的操作称为提取操作,向流中添加数据的操作称为插入操作。数据的输入输出就是通过 I/O 流实现的。

操作系统把键盘、屏幕、打印机和通信端口作为扩充文件来处理,并通过操作系统的设备驱动程序来实现。因此,从程序员的角度来看,这些设备与磁盘文件是等同的,将流对象看作是文件对象的化身。I/O 流类就是用来与这些扩充文件进行交互的。每个流都是一种与设备相联系的对象,与输入设备(如键盘)相联系的称为输入流;与输出设备(如屏幕)相联系的称为输出流;与输入输出设备(如磁盘)相联系的称为输入输出流。

C++ 编译系统提供的 I/O 流库含有 streambuf 和 ios 两个平行基类,所有的流类都是由它们派生出来的。ios 类有 4 个直接派生类,即输入流类 istream、输出流类 ostream、文件流类 fstreambase、串流类 strstreambase,这 4 种流是流库中的基本流类。I/O 流库中各个类之间的层次关系如图 7-1 所示。

标准 I/O 流预定义了 4 个流类对象:cin、cout、cerr、clog。cin 是 istream 流类的一个对象,处理标准输入;cout、cerr、clog 是 ostream 流类的对象。其中,cout 处理标准输出;cerr 和 clog 处理标准出错消息。不同的是,cerr 的输出不带缓冲,clog 的输出带缓冲。

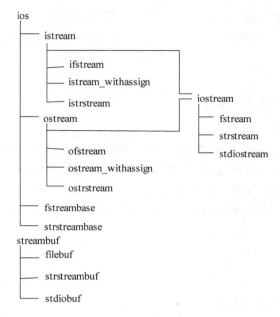

```
ios
    ├── istream
    │       ├── ifstream
    │       ├── istream_withassign
    │       └── istrstream ───────────── iostream
    ├── ostream                                 ├── fstream
    │       ├── ofstream                        ├── strstream
    │       ├── ostream_withassign              └── stdiostream
    │       └── ostrstream
    ├── fstreambase
    └── strstreambase
streambuf
    ├── filebuf
    ├── strstreambuf
    └── stdiobuf
```

图 7-1   I/O 流库中各个类之间的层次关系

I/O 流库中的类和类声明所在的头文件如表 7-1 所示。

表 7-1   I/O 流库中的类和类声明所在的头文件

类　　　名	说　　　明	所在头文件
抽象流基类		
ios	流基类	iostream.h
输入流类		
istream	标准输入流类和其他输入流的基类	iostream.h
ifstream	输入文件流类	fstream.h
istream_withassign	cin 的输入流类	iostream.h
istrstream	输入字符串流类	strstrea.h
输出流类		
ostream	标准输出流类和其他输出流的基类	iostream.h
ofstream	输出文件流类	fstream.h
ostream_withassign	cout、cerr 和 clog 的输出流类	iostream.h
ostrstream	输出字符串流类	strstrea.h
输入输出流类		
iostream	标准 I/O 流类和其他 I/O 流的基类	iostream.h
fstream	I/O 文件流类	fstream.h
strstream	I/O 字符串流类	strstrea.h
stdiostream	标准 I/O 文件的 I/O 类	stdiostr.h
流缓冲区类		
streambuf	抽象流缓冲区基类	iostream.h
filebuf	磁盘文件的流缓冲区类	fstream.h
strstreambuf	字符串的流缓冲区类	strstrea.h
stdiobuf	标准 I/O 文件的缓冲区类	stdiostr.h

实际上，各种流式输入输出的保留名都是某个具体类的对象名或对象成员名。值得注意的是，以下所介绍的一系列输入输出保留名并不是 C++ 本身定义的，而是在 MFC 中定义的。

7.2　非格式化输入输出

非格式化输入输出是指按系统预定义的格式进行的输入输出。按默认约定，每个 C++ 程序都能使用标准 I/O 流，如标准输入、标准输出。cin 用来处理标准输入，即键盘输入；cout 用来处理标准输出，即屏幕输出。它们被定义在 iostream. h 头文件中。在使用 cout 和 cin 前，要用编译预处理命令将所使用的头文件包含到源程序中，其格式如下：

```
# include < iostream. h>
```

7.2.1　非格式化输出

"<<"是预定义的插入运算符，作用在流类对象 cout 上，实现默认格式的屏幕输出。使用 cout 输出表达式值到屏幕上的格式如下：

```
cout << E1 << E2 <<…<< Em;
```

其中，E1，E2，…，Em 均为表达式。功能是计算各表达式的值，并将结果输出到屏幕当前光标处。

cout 是 ostream 流类的对象，它在 iostream. h 头文件中作为全局对象定义：

```
ostream cout(stdout);
```

其中，stdout 表示标准输出设备名（屏幕）。

在 ostream 流类中，对应每个基本数据类型定义运算符"<<"重载函数为友元，它们在 ostream. h 中声明：

```
ostream& operator <<(ostream& dest,char * pSource);
ostream& operator <<(ostream& dest,int source);
ostream& operator <<(ostream& dest,char source);
…
```

例如：

```
cout <<"Please enter the data:";
```

说明：cout 是 ostream 对象，"<<"是运算符，右边是 char * ，故匹配上面的"ostream& operator <<(ostream& dest,char * pSource);"运算符重载函数。它将整个字符串输出，并返回 ostream 流对象的引用。

7.2.2 非格式化输入

"≫"是预定义的提取运算符,作用在流类对象 cin 上,实现默认格式的键盘输入。使用 cin 将数据输入到变量的格式如下:

```
cin ≫ V1 ≫ V2 ≫…≫ Vn;
```

其中,V1,V2,…,Vn 都是变量。功能是暂停执行程序,等待用户从键盘输入数据,各数据间用空格或 Tab 键分隔。输入的数据的类型要与接收变量的类型一致,输完后按 Enter 键结束。

cin 是 istream 流类的对象,它在 iostream.h 头文件中作为全局对象定义:

```
istream cin(stdin);
```

其中,stdin 表示标准输入设备名(键盘)。

在 istream 流类,对应每个基本数据类型定义运算符"≫"重载函数为友元,它们同样也在 ostream.h 中声明。

7.3 格式化输入输出

以上介绍的输入输出都是按系统默认格式进行的输入输出。但是,有时需要按特定的格式进行输入输出,例如,设定输出宽度、浮点数的输出精度,按照科学记数法格式输出等。C++提供了两种进行输入输出格式化的方法:一种是用 ios 类成员函数进行格式化;另一种是用专门的操作符函数进行格式化。

7.3.1 用 ios 类成员函数格式化

ios 类成员函数主要是通过对状态标志、输出宽度、填充字符以及输出精度的操作完成输入输出格式化。

输入输出的格式由各种状态标志确定,这些状态标志在状态量中多占一位,它们在 ios 类中定义为枚举量,如表 7-2 所示。

表 7-2 ios 状态标志

状 态 标 志	值	含 义	输 入 输 出
skipws	0x0001	跳过输入中的空白符	用于输入
left	0x0002	输出数据向左对齐	用于输出
right	0x0004	输出数据向右对齐	用于输出
internal	0x0008	数据的符号左对齐,数据本身右对齐,符号和数据之间为填充字符	用于输出
dec	0x0010	转换基数为十进制形式	用于输入输出
oct	0x0020	转换基数为八进制形式	用于输入输出

续表

状 态 标 志	值	含　　义	输 入 输 出
hex	0x0040	转换基数为十六进制形式	用于输入输出
showbase	0x0080	输出的数值数据前面带有基数符号	用于输入输出
showpoint	0x0100	输出带有小数点的实数	用于输出
uppercase	0x0200	用大写字母输出十六进制数值	用于输出
showpos	0x0400	正数前面带有"＋"符号	用于输出
scientific	0x0800	输出采用科学记数法表示的实数	用于输出
fixed	0x1000	使用定点数形式表示浮点数	用于输出
unitbuf	0x2000	完成输入操作后立即刷新流的缓冲区	用于输出
stdio	0x4000	完成输入操作后刷新系统的 stdout,stderr	用于输出

　　说明：由于表 7-2 中的枚举量定义在 ios 类中，因此引用时必须包含 ios::前缀。使用时应该全部用符号名，绝不要用数值。

1. 用 ios 成员函数对状态标志进行操作

　　ios 类有 3 个成员函数可以对状态标志进行操作，并且定义了一个 long 型数据成员记录当前状态标志。这些状态标志可用位或运算符"|"进行组合。

　　1) 设置状态标志

　　用 setf()函数设置状态标志，其一般格式如下：

```
long ios::setf(long flags)
```

　　2) 清除状态标志

　　用 unsetf()函数清除状态标志，其一般格式如下：

```
long ios::unsetf(long flags)
```

　　3) 取状态标志

　　用函数 flaps()取状态标志有两种形式，其格式分别如下：

```
long ios::flags()
```

```
long ios::flags(long flag)
```

　　其中，第一种形式返回与流相关的当前状态标志值；第二种形式将流的状态标志值设置为 flag，并返回设置前的状态标志值。

　　说明：以上三组函数必须用流类对象(cin 或 cout)来调用，其一般格式如下：

```
<流对象名>.<函数名>(ios::<状态标志>);
```

例 7-1 示例设置状态标志。

```cpp
//example 7_1.cpp
# include < iostream >
using namespace std;
int main()
{
    cout. setf(ios::showpos);               //设置在正数前加上正号" + "
    cout. setf(ios::scientific);            //设置按科学记数法输出
    cout << 123 <<" "<< 123. 23 << endl;
    return 0;
}
```

该程序的运行结果为：

`+ 123  + 1.232300e + 002`

说明：可以用运算符"|"把多个状态标志连在一起,使之具有多个状态标志的功能。例如,与例 7-1 中功能相同的设置代码如下：

```cpp
cout. setf(ios::scientific|ios::showpos);
```

例 7-2 示例对状态标志的操作。

```cpp
//example 7_2.cpp
# include < iostream >
using namespace std;
void showflags(long f);
int main()
{
    long f;
    f = cout. flags();                                          //取当前状态标志
    showflags(f);                                               //显示状态值
    cout. setf(ios::showpos|ios::scientific|ios::fixed);        //追加状态标志
    f = cout. flags();                                          //取当前状态标志
    showflags(f);                                               //显示状态值
    cout. unsetf(ios::scientific);                              //从状态标志中去掉 scientific
    f = cout. flags();                                          //取当前状态标志
    showflags(f);                                               //显示状态值
    f = cout. flags(ios::hex);                                  //重新设置状态标志
    showflags(f);
    f = cout. flags();                                          //取当前状态标志
    showflags(f);
    return 0;
}
void showflags(long f)
{
    long i;
    for(i = 0x8000; i; i = i >> 1)          //用右移方式使 i 中值为"1"的位不断右移
        if(i&f)cout <<"1";                  //判断 f 中的某一位是否为"1"
        else cout <<"0";
    cout << endl;
}
```

该程序的运行结果为：

```
0000000000000000
0001110000000000
0001010000000000
0001010000000000
0000000001000000
```

说明：结果中第 1 行显示的是状态标志值，即为 skipws 和 unitbuf；第 2 行显示的是执行了 setf(ios::showpos|ios::scientific|ios::fixed)后的状态标志值，不改变原来的设置，只是增加设置；第 3 行显示的是执行了 unsetf(ios::scientfic)后的状态标志值；第 4 行显示的是执行了 flags(ios::hex)后其函数的返回值，此函数返回的是设置前的状态标志值，因此它与第 3 行相同；第 5 行显示的是执行了 flags(ios::hex)后的状态标志值，此时除去与 ios::hex 相应的位为"1"外，其余均为"0"。

2. 用 ios 成员函数设置输出宽度、填充字符、输出精度

1）设置输出宽度

设置输出宽度函数有两种形式，其格式分别如下：

```
int ios::width(int len)
```

```
int ios::width()
```

其中：第一种形式是设置输出宽度，并返回原来的输出宽度；第二种形式是返回当前的输出宽度，输出宽度为 0。

2）设置填充字符

填充字符的作用是当输出值的宽度小于输出宽度时用填充字符来填充，默认填充字符为空格。它与 width()函数配合使用，否则没有意义。

设置填充字符函数有两种形式，其格式分别如下：

```
char ios::fill(char ch)
```

```
char ios::fill()
```

其中，第一种形式是重新设置填充字符，并返回设置前的填充字符；第二种形式是返回当前的填充字符。

3）设置输出精度

设置浮点数输出精度有两种形式，其格式分别如下：

```
int ios::precision(int p)
```

```
int ios::precision()
```

其中,第一种形式是重新设置输出精度,并返回设置前的输出精度;第二种形式是返回当前的输出精度。

说明:以上三组函数必须用流类对象(cin 或 cout)调用。

例 7-3 示例设置输出宽度、填充字符和输出精度。

```
//example 7_3.cpp
# include < iostream >
using namespace std;
int main()
{
    int i;
    i = cout.width();
    cout <<"width:"<< i << endl;
    cout.width(8);
    cout << cout.width()<<"(new width)"<< endl;
    char c;
    c = cout.fill();
    cout <<"filling word is:"<< c <<"( ASCII code"<<(int)c <<")"<< endl;
    cout.fill('*');
    cout << cout.fill()<<"("<<(int)cout.fill()<<")(new filling word)"<< endl;
    int j;
    j = cout.precision();
    cout <<"presicion:"<< j << endl;
    cout.precision(8);
    cout << 123.456789 <<"(example)"<< endl;
    cout << cout.precision()<<"(new presicion)"<< endl;
    return 0;
}
```

该程序的运行结果为:

```
width:0
       8(new width)
filling word is: (ASCII code32)
*(42)(new filling word)
precision:6
123.45679(example)
8(new precision)
```

说明:系统默认 width 为 0、fill 为空格、precision 为 6。设置了输出精度后,若实际输出数值的精度大于设置的精度,则以设置的精度四舍五入输出;若实际输出数值的精度小于设置的精度,则按实际精度输出。precision 对所有输出操作具有持续性的作用,而 width 设置的输出宽度仅对一次提取操作有效,在一次操作完成后,输出宽度将再设置为 0,即按实际宽度输出。

7.3.2 用操作符函数格式化

为了不直接以标志位的方式去处理流的状态,C++标准库提供了标准的操作符函数专门操控这些状态。这组函数不属于任何类成员,定义在 iomanip 头文件中。将它们用在提取运算符"＞＞"或插入运算符"＜＜"后面来设定输入输出格式，即在读写对象之间插入一个修改状态的操作。其中有些函数连参数都没有，因此又叫操作符。C++提供的标准操作符如表 7-3 所示。

表 7-3　标准操作符

操 作 符	含 义	输 入 输 出
Dec	数值数据采用十进制表示	用于输入输出
Hex	数值数据采用十六进制表示	用于输入输出
Oct	数值数据采用八进制表示	用于输入输出
Ws	提取空白符	用于输入
Endl	插入换行符	用于输出
Ends	插入"\0"字符	用于输出
Flush	刷新与流相关联的缓冲区	用于输出
setbase(int n)	设置数值转换基数为 n	用于输出
resetiosflags(long f)	清除参数所指定的状态标志	用于输入输出
setiosflags(long f)	设置参数所指定的状态标志	用于输入输出
setfill(int c)	设置填充字符	用于输出
setprecision(int n)	设置实数输出精度	用于输出
setw(int n)	设置输入输出宽度	用于输入输出

说明：在使用操作符函数时，必须在程序开始处包含头文件 iomanip。

1. 设置输入输出宽度函数 setw(int)

此函数用整型参数来指定输入输出域的宽度，相当于 C 语言的标准 I/O 函数（scanf() 和 printf()）中的"％"和格式符的作用。使用时只对其后一项输入输出有效。当用于输出时，若实际宽度小于设置宽度时，数据向右对齐，反之则按数据的实际宽度输出；当用于输入时，若输入的数据宽度超过设置宽度时，超出的数据部分被截断而被作为下一项输入内容。利用此特性可以防止在变量输入时出现越界情况，但用不好也容易出错。

例 7-4　示例设置输入输出宽度。

```cpp
//example 7_4.cpp
# include < iostream >
# include < iomanip >
using namespace std;
int main()
{
    char * p = "12345", * q = "678";
    char f[4],g[4];                                        //最后一位为'\0'
    int i = 10;
    cout << p << setw(6) << q << setw(4) << p << q << endl; //设置输出宽度
    cin >> setw(4) >> f >> g;                               //设置输入宽度
    cout << f << endl << g << endl <<"i:"<< i << endl;
    return 0;
}
```

该程序的运行结果为：

```
12345 67812345678
```
<u>12345</u>↙   //下画线部分表示用户输入信息
```
123
45
i:10
```

说明：若不用 setw(int)设定，则各项默认宽度为 0，所以一律按实际需要位数显示。由此可见，setw(int)设置输出宽度的操作与 ios∷width 是完全相同的。

2. 设置输出填充字符函数 setfill(int)

此函数与 ios∷fill 相同，常与 setw(int)联合使用，从而向不满设置输出宽度的空间填入指定的字符，若不设置则填空格。设置后直至下一次设置前一直有效。

思考题：在例 7-4 中 setw(6)前加入 setfill('∗')，其结果如何？

3. 设置输出精度函数 setprecision(int)

此函数用来指明输出实数的有效位数。setiosflags(ios∷fixed)是用定点方式表示实数。setiosflags(ios∷scientific)是用科学记数法表示实数。如果 setprecision(n)与 setiosflags(ios∷fixed)合用，可以控制小数点右边的数字个数；而与 setiosflags(ios∷scientific)合用，可以控制科学记数法中尾数的小数位数。设置小数位数后，可用的末位数为四舍五入值。设置后直至下一次设置前一直有效。

例 7-5 示例分别用浮点、定点和科学记数法的方式表示一个实数。

```cpp
//example 7_5.cpp
# include < iostream >
# include < iomanip >
using namespace std;
int main()
{
    double f = 22.0/7;
    //在用浮点表示的输出中, setprecision(n)表示实数的有效位数
    cout << f << endl;                      //默认有效位数为 6
    cout << setprecision(0)<< f << endl;    //最小的有效位数为 1
    //在用定点表示的输出中,setprecision(n)表示实数的小数位数
    cout << setiosflags( ios::fixed);
    cout << setprecision(8)<< f << endl;    //小数位数为 8
    return 0;
}
```

该程序的运行结果为：

```
3.14286
3
3.14285714
```

另外，在用科学记数法表示的输出中，setprecision(n)表示尾数的小数位数：

```cpp
cout << setprecision(8);
cout << setiosflags(ios::scientific)<< f << endl;       //小数位数为 8
```

将上述代码替换到程序中,其运行结果为:

```
3.14285714e + 000
```

思考题:将设置定点表示和科学记数法表示放在同一个程序中,其结果如何? 交换两者顺序,其结果又如何?

4. 设置输入输出整型数数制函数 dec()、hex()和 oct()

这三个函数的作用与 printf()函数的"%d""%x"和"%o"相同,用于整数的输入输出。但用在输入时,若输入违例数值,则强制输入一个 0 给变量。

I/O 流的默认数制为 dec,一旦用某个函数设置数制后,在本程序执行中直至下一个设置前该设置一直有效。这三个操作符在 iostream 头文件中定义。

例 7-6   示例违例输入。

```cpp
//example 7_6.cpp
# include < iostream >
using namespace std;
int main()
{
    int i;
    cin >> i;
    cout << i << endl;
    return 0;
}
```

说明:若输入十六进制数,则显示 0。

例 7-7   示例设置输出整型数值。

```cpp
//example 7_7.cpp
# include < iostream >
using namespace std;
int main()
{
    int number = 1001;
    cout <<"Decimal:"<< dec << number << endl
        <<"Hexadecimal:"<< hex << number << endl
        <<"Octal:"<< oct << number << endl;
    return 0;
}
```

该程序的运行结果为:

```
Decimal:1001
Hexadecimal:3e9
Octal:1751
```

说明:用头文件 iomanip. h 中的 setiosflags(ios::uppercase)可以控制十六进制数大写输出。

例 7-8   在上例中增加一个头文件,对十六进制数进行大写控制。

```cpp
//example 7_8.cpp
```

```
# include < iostream >
# include < iomanip >
using namespace std;
int main()
{
    int number = 1001;
    cout <<"Hexadecimal:"<< hex
        << setiosflags( ios::uppercase)
        << number << endl;
    return 0;
}
```

该程序的运行结果为：

Hexadecimal:3E9

例 7-9 示例设置输入输出整型数值。

```
//example 7_9.cpp
# include < iostream >
using namespace std;
int main()
{
    int i,j;
    long k;
    char c,str[40], * s = str;
    cin >> i >> hex >> k >> c >> j >> s;
    cout << i << endl << hex << k << endl << c << endl << j << endl << s << endl;
    return 0;
}
```

说明：输入时必须顺序输入十进制的 i 值、十六进制的 k 值、紧跟一个字符（对应 c）、十六进制的 j 值、紧跟一个字符串后按 Enter 键。其中数字或字符串必须后跟空白符（空格或 Tab 键）代表前一项结束。但若数字后的字符串首字符是非数字，则可省略间隔符（对十六进制而言，A～F 也是数字）。也就是说非数字的首字符有前一数字项结束的作用。

5. 取消输入结束符函数 ws( )

用此函数表示可以省去输入时用作代表一个非数值输入项结束的空格或 Tab 键。该操作符在 iostream.h 头文件中定义。

例 7-10 示例 ws( )的使用。

```
//example 7_10.cpp
# include < iostream >
using namespace std;
int main()
{
    char c,d; int i,j;
    cin >> ws >> c >> d >> i >> j;
```

```
    cout << c << d << i <<','<< j << endl;
    return 0;
}
```

说明：使用 ws() 函数后，这个效果始终存在，但对数值无效。

6. 控制换行操作符 endl

endl 操作符相当于"\n"，它使以后的输出换行。该操作符在 iostream. h 头文件中定义。

7. 代表输出单字符"\O"的操作符 ends

ends 操作符代表"\O"，主要用在流式文件输入输出中。该操作符在 iostream. h 头文件中定义。

8. 用户自定义操作符函数

C++提供了标准的操作符函数，也提供了建立操作符函数的方法。

建立操作符函数时，若函数的参数中不带输出流参数，则定义格式如下：

```
ostream& manip_name(ostream& stream)
{
    <自定义语句序列>
    return stream;
}
```

其中，manip_name 是操作符函数的名字，其他成分照原样写上即可。

例 7-11　示例用户自定义输出操作符函数。

```cpp
//example 7_11.cpp
# include < iostream >
# include < iomanip >
using namespace std;
ostream& setup(ostream& stream)
{
    stream. setf(ios::left);
    stream << setw(10)<< setfill( '$ ');
    return stream;
}
int main()
{
    cout << 10 <<" "<< setup << 10 << end;
    return 0;
}
```

该程序的运行结果为：

```
10 10 $ $ $ $ $ $ $
```

说明：该程序建立了一个操作符函数 setup()，其功能是设置左对齐格式化标志，把输出宽度置为 10，并把填充字符定义为"$"。当在 main() 函数中调用该函数时，只写函数名 setup 即可。

与无参数的输出操作符函数一样，无参数输入操作符函数定义格式如下：

```
istream& manip_name(istream& stream)
{
    <自定义语句序列>
    return stream;
}
```

其中，manip_name 是操作符函数的名字，其他成分照原样写上即可。

例 7-12 示例用户自定义输入操作符函数。

```cpp
//exampl 7_12.cpp
# include < iostream >
# include < iomanip >
using namespace std;
istream& prompt(istream& stream)
{
    cin >> hex;
    cout <<"Enter number using hex format:";
    return stream;
}
int main()
{
    int i;
    cin >> prompt >> i;
    cout << i << endl;
    return 0;
}
```

该程序的运行结果为：

```
Enter number using hex format:ff↙
255
```

说明：该程序定义了一个操作符函数 prompt()，其功能是提示用户以十六进制格式输入数据。

7.4 文件的输入输出

前面各章中所使用的输入输出，都是以终端为对象的，即从终端键盘输入数据，运行结果输出到终端屏幕上。从操作系统的角度来说，每一个与主机相连的输入输出设备都可以看作一个文件。如果想查找外存中的数据，必须先按文件名找到所指定的文件，然后再从该文件中读取数据；如果要把数据存储到外存中，也必须先建立一个文件，才能向文件输出数据。

　　C++把文件看作是一个字符（字节）的序列。根据数据的组织形式，可分为 ASCII 码文件和二进制文件。ASCII 码文件又称为文本文件，它的每一个字节存放一个 ASCII 码，代表一个字符。二进制文件是把内存中的数据按其在内存中的存储形式原样输出到磁盘文件存放。由于 ASCII 码形式与字符一一对应，因此便于对字符进行输出或逐个处理，但它要占用较多的存储空间，若存于二进制文件中，则可以节省存储空间，但不能直接输出字符形式。

　　从内存向磁盘文件输出数据时，必须先送到内存中的缓冲区后，再一起送到磁盘上。如果从磁盘向内存读入数据，则一次从磁盘文件将一批数据输入到内存缓冲区，然后再从缓冲区逐个把数据送到程序数据区（或赋给程序变量）。

　　C++有三种文件流类：输入输出文件流类 fstream、输入文件流类 ifstream、输出文件流类 ofstream，它们分别从 I/O 流中的 iostream、istream、ostream 流类中派生而来。这些文件流类都定义在 fstream.h 头文件中，因此，要使用文件流类，必须在程序开始包含该头文件。

　　在 C++中进行文件输入输出操作的一般步骤如下。

　　（1）为文件定义一个流类对象。

　　（2）使用 open()函数建立（或打开）文件。如果文件不存在，则建立该文件；如果磁盘上已存在该文件，则打开该文件。

　　（3）进行读写操作。在建立（或打开）的文件上执行所要求的输入输出操作。一般来说，在内存与外设的数据传输中，由内存到外设称为输出或写，反之则称为输入或读。

　　（4）使用 close()函数关闭文件。当完成操作后，应把打开的文件关闭，避免误操作。

　　在 C++中，打开一个文件就是将这个文件与一个流建立关联；关闭一个文件就是取消这种关联。

　　open()函数的原型在 fstream.h 中定义。另外，在 fstream、ifstream 和 ofstream 流类中均有定义。其原型为：

```
void open(char * filename, int mod, int access);
```

其中，第一个参数用来传递文件名；第二个参数的值决定文件的使用方式，如表 7-4 所示；第三个参数的值决定文件的访问方式，如表 7-5 所示。

表 7-4　文件使用方式选项

标　　志	含　　义
ios::app	表示使输出追加到文件尾部
ios::ate	表示寻找文件尾
ios::in	表示文件可以输入
ios::nocreate	表示若文件不存在，则 open()函数失败
ios::noreplace	表示若文件存在，则 open()函数失败
ios::out	表示文件可以输出
ios::trunc	表示使同名文件被删除
ios::binary	表示文件以二进制方式打开，为文本文件

表 7-5 文件访问方式选项

标 志	含 义	标 志	含 义
0	一般文件	2	隐藏文件
1	只读文件	3	系统文件

说明：对于 ifstream 流类，mod 的值为 ios∷in；对于 ofstream 流类，mod 的值为 ios∷out。
打开文件的一般格式如下：

```
<流类对象名>.open(<文件名>,<使用方式>,<访问方式>);
```

关闭文件的一般格式如下：

```
<流类对象>.close();
```

例 7-13 示例文件的输入输出操作。

```cpp
//example 7_13.cpp
# include <iostream>
# include <fstream>
using namespace std;
int main()
{
    ofstream ostrm;                          //定义流类对象
    ostrm.open("f1.dat");                    //打开文件
    ostrm << 120 << endl;                    //写操作
    ostrm << 310.85 << endl;
    ostrm.close();                           //关闭文件
    ifstream istrm("f1.dat");                //定义流类对象
    int n;
    double d;
    istrm >> n >> d;                         //读操作
    cout << n << "," << d << endl;
    istrm.close();                           //关闭文件
    return 0;
}
```

该程序的运行结果为：

```
120,310.85
```

7.5 本章小结

输入输出是一种数据传递操作，可以看作字符序列在计算机内存与外设之间的流动，C++将这种流动抽象为"流"。C++编译系统提供了一组有关输入输出的类，称为 I/O 流库。每个流都是一种与设备相联系的对象，与输入设备（如键盘）相联系的称为输入流；与输出设备（如屏幕）相联系的称为输出流；与输入输出设备（如磁盘）相联系的称为输入输出流。操作系统将外设作为扩充文件来处理，程序将流对象看作是文件对象的化身，通过流对象与扩充文件进行交互。

I/O 流库含有 streambuf 和 ios 两个平行基类，所有的流类都是由它们派生而来的。ios 类有 4 个直接派生类，即输入流类 istream、输出流类 ostream、文件流类 fstreambase、串流类 strstreambase，这 4 种流是流库中的基本流类。标准输入流对象 cin 默认为键盘，标准输出流对象 cout 默认为屏幕。

对于系统的基本数据类型，可以使用插入运算符">>"和提取运算符"<<"，通过 cin 和 cout 完成系统默认格式的输入输出。

对于特殊需要，有两种进行格式化输入输出的方法：一种是使用 ios 类成员函数；另一种是使用操作符函数。它们分别通过对状态标志、输出宽度、填充字符、输出精度等的操作完成特殊要求的输入输出。

7.6　习题

1. 什么是流？C++中用什么方法实现数据的输入输出？
2. C++的 I/O 流库由哪些类组成？其继承关系如何？
3. C++中进行格式化输入输出方法有哪几种？各是如何实现的？
4. 写出下面程序的运行结果。

```cpp
# include < iostream >
using namespace std;
int main()
{
    int x = 77;
    cout <<"12345678901234567890\n";
    cout.fill('#');
    cout.width(10);
    cout <<"x = ";
    cout.width(10);
    cout.setf(ios::left);
    cout.fill('$');
    cout << x <<"\n";
    int y = 0x2a;
    cout <<"12345678901234567890\n";
    cout.unsetf(ios::left);
    cout.fill('%');
    cout.width(10);
    cout <<"y = ";
    cout.unsetf(ios::right);
    cout.width(10);
    cout.setf(ios::left);
    cout.fill('$');
    cout << y <<"\n";
    return 0;
}
```

5. 写出下面程序的运行结果。

```cpp
#include<iostream>
#include<iomanip>
using namespace std;
int main()
{
    int a=5,b=7,c=-1;
    float x=67.8564,y=-789.124;
    char ch='A';
    long n=1234567;
    unsigned u=65535;
    cout<<a<<b<<endl;
    cout<<setw(3)<<a<<setw(3)<<b<<"\n";
    cout<<x<<","<<y<<endl;
    cout<<setw(10)<<x<<","<<setw(10)<<y<<endl;
    cout<<setprecision(2);
    cout<<setw(8)<<x<<","<<setw(8)<<y;
    cout<<setprecision(4);
    cout<<x<<","<<y;
    cout<<setprecision(1);
    cout<<setw(3)<<x<<","<<setw(3)<<y<<endl;
    cout<<" % % "<<x<<","<<setprecision(2);
    cout<<setw(10)<<y<<endl;
    cout<<ch<<dec<<","<<ch;
    cout<<oct<<ch<<","<<hex<<ch<<dec<<endl;
    cout<<n<<oct<<","<<n<<hex<<","<<n<<endl;
    cout<<dec<<u<<","<<oct<<u<<","<<hex;
    cout<<u<<dec<<","<<u<<endl;
    cout<<"COMPUTER"<<","<<"COMPUTER"<<endl;
    return 0;
}
```

6. 编写一个程序,从键盘上输入一个八进制数,要求分别以八进制、十进制、十六进制(其中的字母要大写)形式按左对齐方式输出,格式如下:

```
Hex    Decimal   Octal
xxx    xxx       xxx
```

7. 编写一个程序,分别计算并输出 6! ~15! 的值,用 setw()控制"＝"左右两边数值的宽度,使输出结果排列整齐。要求分别以浮点和定点两种形式输出。

8. 编写一个程序,打印 2~100 的自然对数与以 10 为底的对数表。要求对表进行格式化,使数字可以显示在宽度为 10 的范围内,用小数位数占 5 位的精度进行右对齐。

9. 编写一个程序,从键盘上输入 5 个学生的数据(包括学号、姓名、年龄、三门功课的分数),然后求出每个人的平均分数,把学号、姓名和平均分数输出到磁盘文件 STUD. REC 中,最后从 STUD. REC 文件中读出这些数据,并在屏幕上显示出来。

异常处理

异常处理机制是在传统技术不充分、不完美和容易出错的时候，提供的一种替代它们的技术。它提供了一种方法，能明确地把错误处理语句从"正常"程序中分离出来，这将使程序更容易读，也更容易用工具进行处理。异常处理机制提出了一种更规范的错误处理风格，这样就能简化分别写出的程序片段之间的相互关系。本章围绕异常处理，首先介绍异常处理的基本思想，然后介绍异常处理的实现及应用。

8.1 异常处理的基本思想

异常处理是由程序设计语言提供的运行时刻错误处理的一种方式。在程序运行时，时常会遇到各种异乎寻常或者不正确的结果，而对于这种错误必须进行相应的处理。常用的错误处理方式有返回值和全局状态标志。前者是通过函数的返回值来标志成功或者失败，这种做法的最大问题是如果调用者不主动检查返回值也是可以被编译系统接收的；而后者可以让函数返回值和参数表被充分利用，它隐含地要求调用同样存在约束过弱的问题，并且还导致另外一个问题，就是多线程的不安全。

另外，在编写程序时，还有一种非常好的编写方式，就是首先假定不会出现异乎寻常或者不正确的结果，在程序能支持正常情况之后，再添加语句来处理异常情况，这就是异常处理的基本思想。C++提供了这种机制，程序员在编写程序的时候首先假设不会产生任何异常，写好用于处理正常情况的语句之后，再利用 C++ 的异常处理机制，添加用于处理异常情况的语句。

例 8-1 示例不使用异常处理来处理错误。

```
//example 8_1.cpp
# include < iostream >
using namespace std;
int main()
{
    int divisor,dividend;
    double quotient;
    cout <<"Please input dividend:";
    cin >> dividend;
    cout <<"Please input divisor:";
    cin >> divisor;
    if(divisor == 0)                    //判断除数是否为零
```

```
                    cout <<"The divisor is zero,worry!!!"<< endl;
            else
            {
                    quotient = dividend/double(divisor);
                    cout <<"The result is:"<< quotient << endl;
            }
            cout <<"End of program."<< endl;
            return 0;
    }
```

该程序的运行结果为：

```
Please input dividend:10
Please input divisor:3
The result is:3.33333
End of program.
```

或：

```
Please input dividend:10
Please input divisor:0
The divisor is zero, worry!!!
End of program.
```

例 8-2 示例使用异常处理来处理错误。

```
//example 8_2.cpp
# include < iostream >
using namespace std;
int main()
{
    int divisor,dividend;
    double quotient;
    try                                        //异常测试块定义
    {
        cout <<"Please input dividend:";
        cin >> dividend;
        cout <<"Please input divisor:";
        cin >> divisor;
        if(divisor == 0)
            throw dividend;                    //抛出异常
        quotient = dividend/double(divisor);
        cout <<"The result is:"<< quotient << endl;
    }
    catch(int)                                 //捕获异常
    {
        cout <<"The divisor is zero,worry!!!"<< endl;
    }
    cout <<"End of program."<< endl;
    return 0;
}
```

说明：例 8-1 使用的是一般处理错误的方法，例 8-2 使用了异常处理，两个程序的运行结果相同，尽管程序非常简单，并且异常处理也不是必须的部分，但从例子中可以看出 try-throw-catch 的三段式异常处理的效果。

try 块的定义指示可能在这段程序的执行过程中发生错误。之所以称为 try，是因为这段程序不能保证百分之百的正确，只是想"试一下"。try 块中可能不包括错误检查，但在 try 块中的程序是可能导致错误的语句。

在 try 块中如果真的发生了错误，就需要"抛出异常"。关键字 throw 表示发生了异常，它通常指定一个操作数，这个操作数可以是任何类型，如果操作数是对象，则称为异常对象。抛出异常时，控制退出当前 try 块，进入 try 块后面相应的异常处理器。

异常处理器放在 catch 块中，功能是捕获异常。每个 catch 块以关键字 catch 开始，接着是括号内包含的类型（表示该块处理的异常类型）和可选参数名，后面是用花括号括起来的描述异常处理器的语句。

思考题：异常处理和一般的错误处理方法相比，有什么优点？

8.2 异常处理的实现

C++提供了对处理异常情况的内部支持。try、throw 和 catch 语句就是 C++用于实现异常处理的机制。有了异常处理，C++程序就能更好地从异常事件中恢复过来。

8.2.1 异常处理的语法

try-throw-catch 是抛出和捕获异常的基本机制。throw 语句抛出异常（一个值），catch 捕获异常。抛出一个异常后，try 块会终止，转而执行 catch 块中的语句。catch 块结束之后，会继续执行 catch 块之后的语句（前提是 catch 块中没有终止程序或者执行另外一些特殊的操作）。如果 try 块中没有抛出异常，那么在 try 块结束之后，程序将从 catch 块之后的语句继续执行。换言之，如果没有抛出异常，catch 块会被忽略。

1. try 块

如果在函数内直接用 throw 抛出一个异常或在函数调用时抛出一个异常，将在异常抛出时退出函数。如果不想退出函数，则可以在函数体内创建一个特殊块用于解决程序中潜在的错误，在这个块中可以测试各种错误发生的可能性，通常称为测试块。其定义格式如下：

```
try
{
    <语句>
}
```

在这个 try 块中，主要目的是要测试出错误，并且"抛出异常"，因此可以将 try 块的格式再细化。

```
try
{
    <可能发生错误的语句>
    <抛出异常>              //如果抛出异常,则跳出 try 块
    <更多的语句>            //在不发生异常的时候执行
}
```

可见,try 块这个复合语句类似于程序的保护段。如果预料某段程序语句(或对某个函数的调用)可能发生异常,就将它放在 try 引导的测试块中。如果这段程序在执行过程中真的遇到异常情况,就会抛出异常;如果没有异常情况,它也会正常地执行。

2. 抛出异常

抛出异常的定义格式如下:

```
throw <抛出值的表达式>;
```

其中,<抛出值的表达式>的值称为一个异常,所以执行 throw 语句就称为抛出异常,可以抛出任意类型的一个值,在例 8-2 中抛出的是一个 int 值。

执行 throw 语句时,try 块就会停止执行。如果 try 块之后跟有一个合适的 catch 块,那么控制权就会转交给那个 catch 块。一般来说,throw 语句要嵌入一个分支语句(如 if 语句)中,例如:

```
if(divisor == 0)
    throw dividend;
```

值得注意的是,抛出异常时,要生成和初始化 throw 操作数的一个临时副本,然后这个临时副本初始化异常处理器中的参数。异常处理器执行完毕和退出时,删除这个临时副本。

3. 捕获异常

抛出一个异常后,try 块会停止执行,并开始执行 catch 块,执行 catch 块的过程称为捕获异常或者异常处理。一个异常被抛出以后,最终由某个 catch 块来处理。例 8-2 中的 catch 块如下:

```
catch(int)
{
    cout <<"the divisor is zero, worry!!!"<< endl;
}
```

说明:catch 块看起来就像是一个函数定义,实质是一个单独执行的语句块,通常称 catch 块为异常处理程序(exception handler)。这里 catch(int)中的 int 表示异常是一个整型数,也可以修改如下:

```
catch(int e)
{
    cout <<"the divisor"<< e <<"worry!!!"<< endl;
}
```

说明：e 看起来像是一个参数，并且它的行为也非常接近于一个参数。所以，将 e 称为 catch 块参数，但这并不表示 catch 是一个函数！一般来说，catch 块参数的主要任务如下。

（1）catch 块参数前要加一个类型名，表示 catch 块可以捕获什么类型的异常抛出值。

（2）catch 块参数为捕获的异常抛出值指定了一个名称，在 catch 块中，可以对这个异常抛出值进行相应的处理。

catch 块的定义格式如下：

```
catch(<类型> <catch 块参数>)
{
    <处理异常的相关语句>
}
```

有时还可以定义一个能捕获任意类型的异常的处理器。

例如：

```
catch( … )
{
    cout <<"an exception was thrown"<< endl;
}
```

说明：为了避免漏掉异常抛出，可以将能捕获任意异常的处理器放在一系列异常处理器之后。值得注意的是，在参数列表中加入省略号可捕获所有的异常，同时就不可能有参数，因此不可能知道所接收到的异常为何种类型。

4. 多个 throw 和 catch

try 块可以抛出任意数量的异常值，而且这些值可以为任意类型。在实际应用中，每次执行 try 块时，都只会抛出一个异常。但每次执行 try 块时，在不同的情况下，可以抛出不同类型的异常值。每个 catch 块只能捕捉一种类型的值，但通过在一个 try 块之后添加多个 catch 块，就能捕捉不同类型的异常值。

例 8-3 示例捕捉多个异常。

```
//example 8_3.cpp
# include < iostream >
# include < string >
using namespace std;
class Negativenumber
{
public:
    Negativenumber();
    Negativenumber(char * take_it_to_catch_block);
    char * get_message();
private:
    char message[30];
};
class Dividebyzero{};                           //定义异常类
int main()
```

```
{
    int dividend,divisor;
    double portion;
    try
    {
        cout <<"Enter dividend:";
        cin >> dividend;
        if(dividend < 0)
            throw Negativenumber("dividend");
        cout <<"Enter divisor:";
        cin >> divisor;
        if(divisor < 0)
            throw Negativenumber("divisor");
        if(divisor!= 0) portion = dividend/(double)divisor;
        else throw Dividebyzero();
        cout <<"The result is:"<< portion << endl;
    }
    catch(Negativenumber e)
    {
        cout <<"Cannot have a negative number of "<< e.get_message()<< endl;
    }
    catch(Dividebyzero)
    {
        cout <<"The divisor is zero.worry!!!"<< endl;
    }
    cout <<"End of program."<< endl;
    return 0;
}
Negativenumber::Negativenumber(){}
Negativenumber::Negativenumber(char * take_it_to_catch_block)
{
strcpy(message,take_it_to_catch_block);
}
char * Negativenumber::get_message()
{
    return message;
}
```

说明：在 main()函数的 try 块中，程序试着抛出两种异常，即 throw Negativenumber ("divid-end")和 throw Dividebyzero()。这是两个不同类型的异常值，它们所捕获的异常处理器也就不一样。

注意：后面抛出的异常值是一个类，称为异常类。异常类的对象专门负责容纳抛出给 catch 块的信息。定义专门的异常类，目的是为了能够分别用不同的类型来标识每一种可能出现的异常情况。

Dividebyzero 异常类的定义格式如下：

```
class Dividebyzero{};
```

说明：这个异常类没有成员变量和成员函数（默认构造函数除外）。虽然除了名字之外什么都没有，但它非常有用。抛出 Dividebyzero 类的一个对象，会激活相应的 catch 块。

思考题：异常类的作用是什么？什么时候使用？

8.2.2 异常处理中的构造与析构

C++ 异常处理的真正能力，不仅在于它能够处理各种不同类型的异常，还在于它具有处理构造函数的异常。它具有为抛出异常前构造的所有局部对象自动调用析构函数的能力。

由于构造函数没有返回值，那么如何让外部知道对象没有顺利调用构造函数呢？有两种方法：一种方法是返回没有正确构造的对象，希望对象使用者通过相应的测试确定这个对象是不能使用的对象；另一种方法是在构造函数之外设置一些变量，抛出异常向外部传递失败的构造函数信息，并负责处理这个故障。

异常处理中的构造和析构，主要考虑以下几种情况。

（1）所抛出的异常是一个对象的情况。这个时候要捕获异常，异常处理要访问所抛出对象的复制构造函数。

（2）如果在构造函数中抛出异常，抛出异常之前要构造的对象需要调用析构函数。注意，在抛出异常之前每个 try 块中构造的局部对象都要调用析构函数。异常在开始执行异常处理器时，已经调用了析构函数。如果在调用析构函数中抛出异常，则调用运行函数 terminate()。

（3）如果对象有成员函数，而且异常在外层对象构造完成之前抛出，则执行发生异常之前所构造成员对象的析构函数。如果发生异常时部分构造了对象数组，则只调用已构造数组元素的析构函数。

（4）异常可能越过通常用于释放资源的语句，从而造成资源泄漏。解决这个问题的方法是在请求资源时初始化一个局部对象，发生异常时，调用析构函数并释放资源。

8.3 应用示例

综上所述，异常处理的执行过程如下。

（1）控制通过正常的顺序执行到达 try 语句，然后执行 try 块内的测试语句。

（2）如果在测试程序段执行期间没有引起异常，那么跟在 try 块后的 catch 子句就不执行，程序从异常测试块（try 块后）跟随的最后一个 catch 子句后面的语句继续下去。

（3）如果在测试程序段执行期间或在测试段调用的任何函数中（包括直接或间接调用）有异常被抛出，则从通过 throw 操作数创建的对象中创建一个异常对象（这里可能包含一个复制构造函数），然后寻找一个 catch 子句（或一个能处理任何类型异常的 catch 处理程序），catch 处理程序按其在 try 块出现的顺序被检查。如果没有找到合适的处理程序，则继续检查下一个动态封闭的 try 块。此处理继续下去直到最外层的封闭 try 块被检查完。

（4）如果匹配的异常处理器没找到，则自动调用运行时函数 terminate()，而函数 terminate() 的默认功能是调用 abort() 函数终止程序。

（5）如果找到了一个匹配的异常处理器，则通过值进行捕获，其形参通过复制异常对象进行初始化，然后执行异常处理程序，再执行 catch 块后面的语句。

例 8-4 示例处理不同类型的异常。要求可以触发不同类型异常并显示抛出异常时的程序执行情况。

```cpp
//example 8_4.cpp
# include < iostream >
using namespace std;
class CExcept
{
public:
    CExcept (int Excode)
    {
        m_Excode = Excode;
    }
    int GetExcode()
    {
        return m_Excode;
    }
private:
    int m_Excode;
};
int main()
{
    char ch;
    try
    {
        cout <<"At begining of try block."<< endl;

        cout <<"Throw 'char * ' exception? (y/n):";
        cin >> ch;
        if(ch == 'y'||ch == 'Y')
            throw "Error description.";

        cout <<"Throw 'int' exception?(y/n):";
        cin >> ch;
        if(ch == 'y'||ch == 'Y')
            throw 1;

        cout <<"Throw 'class CExcept' exception?(y/n):";
        cin >> ch;
        if(ch == 'y'||ch == 'Y')
            throw CExcept(5);

        cout <<"Throw 'double' exception?(y/n):";
        cin >> ch;
        if(ch == 'y'||ch == 'Y')
            throw 3.1416;

        cout <<"At end of try block (no exception thrown)."<< endl;
    }
    catch(char * errorMsg)
```

```
{
    cout <<"'char *' exception thrown; exception message:";
    cout << errorMsg << endl;
}

catch(int ErrorCode)
{
    cout <<"'int' exception thrown; exception code:"<< ErrorCode << endl;
}

catch(CExcept Except)
{
    cout <<"'class CExcept' exception thrown; exception code:";
    cout << Except.GetExcode()<< endl;
}

catch( … )
{
    cout <<"Unknown type of exception thrown".<< endl;
}
cout <<"After last catch block."<< endl;
 return 0;
}
```

说明：该程序对 try 块抛出的各种异常提供了特殊的 catch 处理器，只有 double 异常使控制转入 catch 块中的通用异常处理语句。在运行过程中，需要注意的是，一旦抛出异常，try 块中的其他语句不再执行。catch 块的语句执行完毕后，控制立即转到最后一个 catch 块下面的语句。

8.4 本章小结

try-throw-catch 是抛出和捕获异常的基本机制。throw 语句抛出异常，catch 捕获异常。抛出一个异常后，try 块会终止，转而执行 catch 块中的语句。catch 块结束之后，会继续执行 catch 块之后的语句，前提是 catch 块中没有终止程序或者执行另外一些特殊的操作。如果 try 块中没有抛出异常，那么在 try 块结束之后，程序将从 catch 块之后的语句继续执行。换言之，如果没有抛出异常，catch 块会被忽略。

异常处理是 C++语言的一个主要特征，它提出了更加完美的出错处理方法，使得出错处理程序的编写不再烦琐，也无须将出错处理程序与"一般"语句紧密结合，同时也使得错误发生不会被忽略。

8.5 习题

1. 列出五个常见的异常例子。
2. 写出下面程序的运行结果。

```
# include < iostream >
using namespace std;
int main()
{
    int wait_time = 46;
    try
    {
    cout <<"Try block entered. "<< endl;
    if (wait_time > 30)
    throw wait_time;
    cout <<"Leaving try block. "<< endl;
    return 0;
}
catch( int thrown_value)
{
        cout <<"exception thrown with"<< endl
            <<"wait_time equal to"<< thrown_value << endl;
}
cout <<"After catch block. "<< endl;
}
```

如果将"int wait_time＝46;"替换成"int wait_time＝12;",其结果如何?

3. 创建一个含有可抛出异常的成员函数的类。在该类中,创建一个被嵌套的类用作一个异常对象,它带有一个 char * 参数,该参数是一个有意义的字符串。创建一个可抛出该异常的成员函数。编写一个 try 块使它能调用该函数并且捕获异常,以打印该字符串的方式处理该异常。

第三部分 Visual C++的Windows 编程技术

本部分介绍在Visual C++平台下，开发基于MFC的Windows应用程序。首先介绍Windows编程中的基础知识（第9章），然后介绍在Windows中如何绘制图形（第10章），在此基础上，介绍鼠标和键盘的消息处理（第11章），以及菜单、工具栏、状态栏和对话框等Windows常用用户界面的创建（第12章），最后简单介绍单文档和多文档应用程序的设计（第13章）以及对话式应用程序的设计（第14章）。

Visual C++的Windows编程基础

Microsoft Visual C++ 提供了编写 Windows 应用程序的两种途径：一种是直接调用底层 Win32 应用程序接口(API)函数,用 C 或 C++ 编写 Windows 应用程序；另一种是利用 MFC,用 C++ 编写 Windows 应用程序。MFC 提供了大量预定义的类和支持代码,可以处理许多标准 Windows 编程任务,如生成窗口和处理消息,并且利用 MFC 可以在程序中轻松加入各种复杂特性,如工具栏、OLE 支持和 Active 控件。此外,Visual C++ 还提供了应用程序向导 AppWizard 创建基于 MFC 的应用程序,自动生成各种 Windows 应用程序的简单程序框架。在此基础上,开发人员只需根据应用程序特定的功能添加相应的代码,从而简化软件的开发,提高编程效率。本章首先介绍 Windows 编程的基础知识,然后介绍 MFC 的构成以及利用 AppWizard 向导创建基于 MFC 的应用程序的方法。

9.1 Windows 编程基础

Windows 操作系统是一个多任务、面向对象的图形操作系统。Windows 编程使用事件驱动的程序设计思想。

9.1.1 Windows 编程模型

Windows 操作系统采用图形化接口,开发出的应用程序具有相似的外观和用户界面。应用程序占据屏幕上一个矩形区域,称为窗口。窗口由非客户区和客户区组成。非客户区由系统绘制,包括菜单栏、工具栏、"最大化"按钮等。客户区由应用程序绘制,用于输出数据和接收用户的输入。Windows 应用程序可以有多个窗口,每一个窗口都可以具有不同的功能。编写一个 Windows 应用程序首先应创建一个或多个窗口,随后应用程序的运行过程即是窗口内部、窗口与窗口之间、窗口与系统之间进行数据处理与数据交换的过程。多文档应用程序的窗口如图 9-1 所示。

在传统操作系统(例如,MS-DOS)下开发的应用程序采用过程化编程模型,程序从头到尾按顺序执行。由于程序所接收的输入和运行的条件不同导致每次程序执行的可能路径不同,但路径本身是可以预测的。以 C 语言为例,程序从 main()函数开始执行,即使在执行过程中会调用很多函数,但可能执行的路径是确定的,并且何时调用这些函数是由程序而不是操作系统决定。

Windows 编程使用事件驱动模型。在事件驱动编程模型中,应用程序通过处理操作系统发来的消息响应事件。事件是系统产生的动作或是用户运行应用程序产生的动作,事件

菜单栏 工具栏 标题栏 子窗口 子窗口

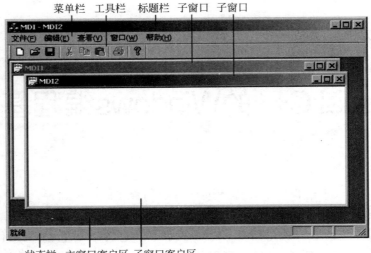

状态栏 主窗口客户区 子窗口客户区

图 9-1 多文档应用程序的窗口

通过消息描述。例如，当按下鼠标键时，系统就会产生一条特定的消息标识鼠标按键事件的发生，并通报给应用程序，而应用程序可以决定进行自己的操作来更新其显示区域，也可以决定不进行任何动作。在这种模型中，构成应用程序的代码不再是顺序执行的指令集合，而是由一系列相对独立的代码块组成。每个代码块用于处理特定的消息，当程序接收到消息时，相应的代码块被调用执行。因此，在事件驱动模型中，代码块的调用完全取决于消息的产生次序，是一种随机的、被动的执行方式。

9.1.2 消息处理

Windows 将消息分为队列消息和非队列消息。对于队列消息，Windows 操作系统为每一个正在运行的应用程序保持有一个消息队列，当事件（例如，当用户单击鼠标、改变窗口尺寸、按下键盘上的一个键等）发生之后，Windows 将事件转换为一个消息，并将消息放入相应的应用程序消息队列中，应用程序则从消息队列取出消息并做必要的转换，然后将消息传给 Windows，再由 Windows 将消息发送到应用程序的消息处理"部件"处理，完成消息的响应。这个过程一直持续，直到程序的结束。队列消息的处理过程如图 9-2 所示。对于非队列消息，Windows 将消息直接发送给应用程序的消息处理"部件"。无论是哪种情况，都可以认为是 Windows 将消息发送给应用程序。

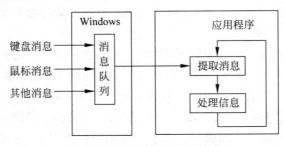

图 9-2 队列消息的处理过程

9.1.3 图形设备接口

许多 MS-DOS 程序都直接向视频存储区或打印机端口输送数据,由于大量不同的输出设备可以连接到 PC 上,采用这种技术就需要为不同的输出设备编写不同的程序。Windows 提供了一个抽象的图形界面,称为图形设备接口(Graphics Device Interface, GDI)。图形设备接口提供高层绘图函数,支持与设备无关的图形显示,无论基础硬件如何,同一函数都能够生成相同结果。特别的是,文本被看作是图形。这种处理方式虽然在创建文本输出时增加了复杂度,但也增强了灵活性。可以让原本在文本世界非常困难的工作变得非常轻松(如要显示 12 磅、加阴影的红色 Arial 文本)。

GDI 的设备无关性是由设备环境(device context)体现的。GDI 绘图函数的输出不是直接面向显示器或打印机等物理设备,而是面向一个称为设备环境的虚拟逻辑设备。设备环境也称为设备描述表或设备上下文,它实际是一个由 GDI 维护的数据结构,定义了一系列图形对象(画笔、画刷和字体),以及与绘图相关的属性和绘图方式。Windows 绘图时,将设备环境的属性与 GDI 函数相结合完成图形的绘制。

9.1.4 资源

光标、位图、对话框和菜单都是资源。资源即数据,包含在应用程序的.exe 文件中。当Windows 把程序装入内存执行的时候,它通常将资源留在磁盘上。只有当 Windows 需要某一资源时,它才将资源装入内存。资源在资源描述文件中定义。资源描述文件是以.rc 为扩展名的 ASCII 码文件。资源描述文件可以包含用 ASCII 码表示的资源,也可以引用其他资源描述文件(ASCII 或二进制文件)。

Windows 环境下的资源主要有以下几类:加速键、工具栏、光标、对话框、图标、字符串和菜单等。Visual C++为所有类型的资源都提供了资源编辑器(如对话框编辑器、菜单编辑器、工具栏编辑器等)进行可视化的编辑,这些编辑器的具体使用将在讲述有关内容的同时加以介绍。

9.1.5 SDK 程序设计

Windows 编程使用事件驱动模型,与传统应用程序相比,程序结构与运行方式都有很大的不同。下面的 Windows 应用程序采用 API 函数编写,即采用 SDK(Software Development Kit,软件开发工具包)编程方式,由 AppWizard 向导生成,虽然其功能简单,但可以理解 Windows 应用程序的结构与运行方式(示例程序中省略部分代码,完整的代码参考 AppWizard 生成的程序)。

```
# include "stdafx. h"
# include "resource. h"
# define MAX_LOADSTRING 100
//全局变量
HINSTANCE hInst;                          //当前应用程序的实例句柄
TCHAR szTitle[MAX_LOADSTRING];            //窗口标题变量
CHAR szWindowClass[MAX_LOADSTRING];       //存放窗口类名的数组
//模块中使用函数的前向声明
```

```
ATOM               MyRegisterClass(HINSTANCE hInstance);   //注册窗口类函数
BOOL               InitInstance(HINSTANCE, int);           //初始化应用程序函数
LRESULT CALLBACK   WndProc(HWND, UINT, WPARAM, LPARAM);     //窗口函数
...
int APIENTRY WinMain(HINSTANCE hInstance,
                     HINSTANCE hPrevInstance,
                     LPSTR    lpCmdLine,
                     int      nCmdShow)
{
    MSG msg;                                                //定义消息变量
    ...
    MyRegisterClass(hInstance);                             //注册窗口类
    if (!InitInstance (hInstance, nCmdShow))                //初始化应用程序
    {
        return FALSE;
    }
    ...
    //主消息循环
    while(GetMessage(&msg, NULL, 0, 0))
    {
        if(!TranslateAccelerator(msg.hwnd, hAccelTable, &msg))
        {
            TranslateMessage(&msg);
            DispatchMessage(&msg);
        }
    }
    return msg.wParam;
}
ATOM MyRegisterClass(HINSTANCE hInstance)
{
    WNDCLASSEX wcex;
    wcex.cbSize = sizeof(WNDCLASSEX);
    wcex.style = CS_HREDRAW | CS_VREDRAW;
    wcex.lpfnWndProc = (WNDPROC)WndProc;
    wcex.cbClsExtra = 0;
    wcex.cbWndExtra = 0;
    wcex.hInstance = hInstance;
    wcex.hIcon = LoadIcon(hInstance, (LPCTSTR)IDI_HELLO);
    wcex.hCursor = LoadCursor(NULL, IDC_ARROW);
    wcex.hbrBackground = (HBRUSH)(COLOR_WINDOW + 1);
    wcex.lpszMenuName = (LPCSTR)IDC_HELLO;
    wcex.lpszClassName = szWindowClass;
    wcex.hIconSm = LoadIcon(wcex.hInstance, (LPCTSTR)IDI_SMALL);

    return RegisterClassEx(&wcex);
}
BOOL InitInstance(HINSTANCE hInstance, int nCmdShow)
{
    HWND hWnd;
    hInst = hInstance;
    hWnd = CreateWindow(szWindowClass, szTitle, WS_OVERLAPPEDWINDOW,
```

```
                CW_USEDEFAULT, 0, CW_USEDEFAULT, 0, NULL, NULL, hInstance, NULL);
        if(!hWnd)
        {
            return FALSE;
        }
        ShowWindow(hWnd, nCmdShow);
        UpdateWindow(hWnd);
        return TRUE;
    }

    LRESULT CALLBACK WndProc(HWND hWnd, UINT message, WPARAM wParam, LPARAM lParam)
    {
        ...
        switch (message)
        {
            ...
            case WM_PAINT:
                hdc = BeginPaint(hWnd, &ps);
                //TODO: Add any drawing code here...
                RECT rt;
                GetClientRect(hWnd, &rt);
                DrawText(hdc, szHello, strlen(szHello), &rt, DT_CENTER);
                EndPaint(hWnd, &ps);
                break;
            case WM_DESTROY:
                PostQuitMessage(0);
                break;
            default:
                return DefWindowProc(hWnd, message, wParam, lParam);
        }
        return 0;
    }
```

1. 匈牙利表示法

在上面的代码中,有一些比较古怪的变量名。这种命名方式叫作匈牙利命名规则。这是为了纪念传奇性的 Microsoft 程序员 Charles Simonyi。这种命名方式建议变量名以一个或者多个小写字母开始,这些字母表示变量的变量类型,类型标志的下一个字母一般采用大写。表 9-1 列出部分命名规则。

表 9-1 部分匈牙利命名规则

前　　缀	数 据 类 型	前　　缀	数 据 类 型
b	布尔类型	i	int
c	char 或 WCHAR 或 TCHAR	h	句柄
by	BYTE（无正、负号字符）	p	指针
n	short	sz	ASCII 码字符串

2. Windows 数据类型

针对 Windows 应用程序的开发,Windows 定义了一些基本数据类型,常用的基本数据类型如表 9-2 所示。

表 9-2　Windows 常用的基本数据类型

Windows 所用的数据类型	对应的基本数据类型	说　明
BOOL	bool	布尔值
BYTE	unsigned char	8 位无符号整数
COLORREF	unsigned long	用作颜色值的 32 位值
LONG	long	32 位带符号整数
LPCSTR	const char *	指向字符串常量的 32 位指针
LPSTR	char *	指向字符串的 32 位指针
UNIT	unsigned int	32 位无符号整数
WORD	unsigned short	16 位无符号整数

在 Windows 中，句柄被定义为一种新的数据类型，用于标识 Windows 应用程序中的对象，如窗口、图标、刷子和程序实例等。通过使用一个句柄，应用程序可以访问一个对象。常见的句柄类型如表 9-3 所示。

表 9-3　Windows 常见的句柄类型

类　型	说　明	类　型	说　明
HANDLE	通用句柄类	HICON	标识一个图标对象
HWND	标识一个窗口对象	HINSTANCE	标识一个应用程序模块的一个实例
HMENU	标识一个菜单对象	HDC	标识一个设备环境对象

3. WinMain() 函数

正如 C 程序中的进入点是函数 main()一样，Windows 程式的进入点是函数 WinMain()。其函数原型如下：

```
int APIENTRY WinMain (HINSTANCE hInstance,
                      HINSTANCE hPrevInstance,
                      LPSTR     lpCmdLine,
                      int       nCmdShow
                      )
```

其中，APIENTRY 表明此函数是应用程序的入口点，相当于 C 语言的 main()函数。WinMain()函数的四个参数由操作系统传递进来，其中，参数 hInstance 和 hPrevInstance 都是指向应用程序的实例句柄（HINSTANCE）。Windows 系统将应用程序的每一次执行称为该应用程序的一个实例，并使用一个实例句柄标识。HINSTANCE 是当前应用程序的实例句柄，而 hPrevInstance 在 Win32 系统下已经不再使用，永远为 NULL。参数 lpCmdLine 是一个指向字符串的指针，它仅在程序名是从 DOS 命令行输入或是从 Run 对话框中输入时才起作用。因此，很少被程序代码所用。参数 nCmdShow 决定了窗口在初始显示时的状态。

WinMain()函数的主要工作包括注册应用程序窗口类、初始化应用程序实例、启动应用程序的消息循环、把从应用程序消息队列接收的消息进行翻译，并送到窗口函数中处理。当接收到 WM_QUIT 消息时，退出应用程序。

4. Windows 消息

在函数 WinMain()中首先定义了消息变量 msg，消息是 Windows 定义的数据结构，定义如下：

```
typedef struct tagMSG
{
    HWND hwnd;                       //检索消息的窗口句柄
    UNIT message;                    //代表一个消息的消息值
    WPARAM wParam;                   //消息附加信息的字参数
    LPARAM lParam;                   //消息附加信息的长参数
    DWORD time;                      //消息入队时间
    POINT pt;                        //消息发送时鼠标的位置 point.x;point.y;
}MSG;
```

5. 注册窗口类

窗口依照某一窗口类建立,不同窗口可以依照同一种窗口类建立。例如,Windows 中的所有按钮(包括多选按钮以及单选按钮)窗口都是依据同一种窗口类建立的。窗口类是一个模板,它定义了一个特定窗口的各种特性,例如光标的类型和背景的颜色。更重要的是,窗口类指定了这类窗口处理消息的窗口函数。在向导生成的代码中,通过调用函数MyRegisterClass()注册一个系统预先定义好的窗口类,其代码如下:

```
ATOM MyRegisterClass(HINSTANCE hInstance)
{
    WNDCLASSEX wcex;
    wcex.cbSize = sizeof(WNDCLASSEX);
    /* 设置窗口风格。两种或者两种以上的风格可以通过 C 语言中的按位或(|)运算符加以组合。
CS_HREDRAW 值使得程序窗口在移动或尺寸调整改变宽度时完全重新绘制。同样地,CS_VREDRAW 使得
窗口高度调整后完全重新绘制 */
    wcex.style = CS_HREDRAW | CS_VREDRAW;
    //窗口的处理函数名为 WndProc。这个函数将处理 Windows 消息
    wcex.lpfnWndProc = (WNDPROC)WndProc;
    wcex.cbClsExtra = 0;                //窗口类无扩展
    wcex.cbWndExtra = 0;                //窗口实例无扩展
    wcex.hInstance = hInstance;         //当前实例句柄
    wcex.hIcon = LoadIcon(hInstance, (LPCTSTR)IDI_HELLO);
    wcex.hCursor = LoadCursor(NULL, IDC_ARROW);
    wcex.hbrBackground = (HBRUSH)(COLOR_WINDOW + 1);
    wcex.lpszMenuName = (LPCSTR)IDC_HELLO;
    wcex.lpszClassName = szWindowClass;
    wcex.hIconSm = LoadIcon(wcex.hInstance, (LPCTSTR)IDI_SMALL);
    return RegisterClassEx(&wcex);
}
```

6. 初始化实例

当窗口类注册完成后,WinMain()调用 InitInstance()函数完成程序的初始化,该函数主要的工作包括创建窗口、显示窗口、更新窗口。函数代码如下:

```
BOOL InitInstance(HINSTANCE hInstance, int nCmdShow)
{
    HWND hWnd;
    hInst = hInstance;
    hWnd = CreateWindow(szWindowClass, szTitle, WS_OVERLAPPEDWINDOW,
        CW_USEDEFAULT, 0, CW_USEDEFAULT, 0, NULL, NULL, hInstance, NULL);
```

```
    if (!hWnd)
    {
        return FALSE;
    }
    ShowWindow(hWnd, nCmdShow);
    UpdateWindow(hWnd);
    return TRUE;
}
```

其中，参数是 WinMain()传递的第一个参数，是它从 Windows 接收来的程序实例。参数 nCmdShow 是 WinMain()传递给 InitInstance 的第二个参数。这个参数最常见的值有 SW_HIDE 和 SW_SHOW。InitInstance()函数返回一个布尔值，它要么是 1(TRUE)，要么是 0(FALSE)，告诉 WinMain()启动是成功了还是失败了。

窗口类定义了窗口的一般特征，而窗口与显示关系比较密切的一些细节尚未指定。因此，基于同一类的窗口类可以创建多个不完全相同的窗口。在代码中，使用 CreateWindow()函数创建应用程序的窗口。该函数参数较多，其中，第一个参数是窗口类的名字，这个参数所指定的窗口类名必须与前面注册的窗口类名相同；第二个参数指定在窗口的标题栏显示的文本；第三个参数指定窗口的风格，WS_OVERLAPPEDWINDOW 是一个常见风格，它生成顶层窗口，该窗口具有大小可调的边框、一个标题栏、一个系统菜单及"最大化""最小化"和"关闭"按钮。

接下来的四个参数指定窗口的初始位置和大小。CW_USEDEFAULT 告诉 Windows 使用默认值。最后四个参数依次指向被创建窗口的父窗口或所有者窗口的句柄、与窗口相关联的菜单句柄、应用程序的实例句柄以及传递给窗口的自定义参数。

调用 CreateWindow()函数后，系统内部已经创建了这个窗口对象，由于在创建窗口时没有指定 WS_VISIBLE，窗口在屏幕上是不可见的。代码中使用 ShowWindow()函数将窗口真正显示出来，该函数的第一个参数指定要显示的窗口的句柄；第二个参数指定显示的方式。

最后调用 UpdateWindow()函数确保窗口可见并确保 WM_PAINT 消息处理程序立刻被调用。

7. 维护消息循环

经过上面的步骤，应用程序的主窗口显示在屏幕上，应用程序接下来进入消息循环。维护消息循环的主要代码如下：

```
while(GetMessage(&msg, NULL, 0, 0))
    {
        if(!TranslateAccelerator(msg.hwnd, hAccelTable, &msg))
        {
            TranslateMessage(&msg);
            DispatchMessage(&msg);
        }
    }
```

上面的 while 语句调用了函数 GetMessage()，该函数第一个参数是指向消息结构体的指针，获得的消息将被复制到 msg 中；第二个参数表示窗口句柄，一般将其设置为空，表示要获取该应用程序创建的所有窗口的消息；第三、四个参数用于指定消息范围；后面三个参数被设置为默认值,用于接收发送到属于这个应用程序的任何一个窗口的所有消息。

GetMessage()函数将检查消息队列,如果队列中有消息,则该消息将从消息队列中删除并复制到 msg 中。如果队列中没有消息,则一直等待。如果 GetMessage()收到一个 WM_QUIT 消息,则返回 FALSE 从而退出消息循环,终止程序运行。除此之外的任何消息,GetMessage 函数返回 TRUE;因此,在接收到 WM_QUIT 之前,带有 GetMessage()的消息循环可以一直循环下去。

在消息循环中包含有两个函数:TranslateMessage()函数将键盘消息转换为更容易使用的 WM_CHAR 消息,如果消息是不需要翻译的键盘输入,那么该函数就不会进行特定的动作;DispatchMessage()函数再一次将消息传给 Windows,Windows 随后将消息发送给适当的窗口函数,消息在那里得到进一步的处理,或执行,或被忽略。

8. 窗口函数和消息处理

在传统的 C 程序中,也许整个程序就包含在 main()函数中。但 WinMain()函数仅包括注册窗口类、建立窗口、从消息队列检索。程序所有真正的操作都在窗口函数中。窗口函数决定了在客户区中的显示内容以及如何响应用户的输入。窗口函数可任意命名(只要求不和其他名字发生冲突)。一个 Windows 应用程序可以包含多个窗口。一个窗口函数总是与一个用 RegisterClass 注册的特定窗口类别相关联。窗口函数的声明如下:

```
LRESULT       CALLBACK      WindowProc(
HWND          hwnd,                    //对应消息的窗口句柄
UINT          uMsg,                    //消息代码
WPARAM        wParam,                  //消息代码附加参数
LPARAM        lParam                   //消息代码附加参数
);
```

其中,CALLBACK 表明该函数是一个回调函数,函数的返回值类型为 LRESULT,它是一个长整数。函数的第一个参数 hwnd 是窗口句柄,它与 CreateWindow()函数的返回的值相同;第二个参数是标识消息的无符号整数;最后两个参数称为消息参数,提供了有关消息 message 的详细说明。WPARAM 和 LPARAM 表示的都是长整数。

与传统的函数调用方式相比,窗口函数的调用方式比较特别。在传统方式下,程序中某行代码的执行引发函数的调用,而 Windows 应用程序通常不直接调用窗口函数,窗口函数是由 Windows 调用的。例如,当窗口首次建立时,窗口改变尺寸或移动时,以及客户区必须重画时,Windows 都会调用窗口函数。在所有这些调用中,Windows 将标示这些事件的消息传入窗口函数。在窗口函数中,通过对这些消息处理,从而完成对各种事件的响应。

窗口函数接收的每个消息都由一个数值标示,也就是传给窗口函数的 message 参数。Windows 在头文件 WINUSER.H 中为每个消息参数定义以 WM(窗口消息)为字首开头的标识符。在示例程序中可以看到,在窗口函数内部使用 switch/case 语句确定窗口函数接收的是什么消息,以及如何对这个消息进行处理。其中,WM_PAINT 消息的处理代码如下:

```
case WM_PAINT:
            hdc = BeginPaint(hWnd, &ps);
            RECT rt;
            GetClientRect(hWnd, &rt);
```

```
DrawText(hdc, szHello, strlen(szHello), &rt, DT_CENTER);
EndPaint(hWnd, &ps);
break;
```

WM_PAINT 消息的产生，是由于窗口客户区的一部分显示内容或者全部显示内容变为"无效"。所谓客户区的显示内容无效，比较典型是如下几种情况：当窗口刚建立时，整个客户区都是无效的，因为程序还没有在窗口上画任何东西；在使用者改变窗口的大小后，客户区的显示内容重新变得无效；当使用者将窗口最小化，然后再次将窗口恢复为以前的大小时；当移动窗口引起多个窗口重叠，窗口的被覆盖部分被移走后变为无效。因此，对 WM_PAINT 消息的处理，主要是把客户区的内容重新绘制。在示例代码中，首先调用 BeginPaint()函数取得客户区域的设备环境句柄，然后调用 GetClientRect()函数获得客户区域的坐标，接着调用 DrawText()函数输出一行居中的文本，最后调用 EndPaint()函数释放获得的设备环境句柄。

9.2　用 MFC 创建 Windows 应用程序

MFC 是一个庞大的类库，它是 C++类结构的扩展。利用 MFC 提供的面向对象程序设计的框架，大大减轻了程序开发人员创建 Windows 应用程序的负担。此外，MFC 还提供一个应用程序开发模型。此模型被称为文档/视图模型，简称 Doc/View。文档/视图模型是将应用程序数据与用户界面元素分离的一种应用编程方法。它允许这两部分程序独立存在。这样，程序员在更改其中一部分时，不会大幅度地更改另一部分。

9.2.1　MFC 库简介

传统的 Windows 应用程序的开发使用 API(Application Programming Interface)函数。API 函数的功能主要是为 Windows 应用程序开发提供统一的编程接口。在使用 API 编程的过程中，窗口的创建和消息的处理都需要手工编码，一个简单的 Windows 应用程序的代码都要上百行，这使得进行 Windows 应用程序开发是一件繁重的工作。在这期间，出现了 Microsoft 的 MFC 和 Borland 的 OWL 这两种颇具吸引力的应用程序开发框架。虽然这两种框架具备各自的优缺点，但是 MFC 逐渐成为 Windows 开发中的主导框架。

MFC 的框架结构具有如下优点。

（1）MFC 按照 C++类的层次形式组织在一起，类封装了 Windows API 函数并提供 Windows 应用程序常见任务的默认处理代码。几个基类提供一般功能，由基类派生的类实现更具体的行为。编程人员不必记忆大量 API 函数调用，只需实例化 MFC 中的类并调用其成员函数即可。

（2）MFC 提供了文档/视图模型以实现数据和显示的分离。文档类用来维护、管理数据，包括数据的读取、存储与修改；视图类用来接收并显示数据，将这些数据交给文档类来处理。

（3）MFC 库提供了自动消息处理功能。MFC 的框架结构通过消息映射机制，将 Windows 消息直接映射到一个成员函数进行处理，简化了消息的处理方式。

MFC 发展到今天已经成为一个稳定和涵盖很广泛的 C++类库。它结合了 Windows SDK 的编程概念和面向对象的程序设计技术，使用了标准的 Windows 命名约定和编码格式,从而为 C++语言程序员所广泛使用。MFC 与编程技术、Windows 技术的发展是同步的,在未来,它将会包容新的内容,也会越来越完善。

9.2.2 MFC 类的层次结构

MFC 类库是一个功能强大、结构复杂和庞大的类库。MFC 的类可以分为两大类: CObject 派生类和非 CObject 派生类。CObject 类的层次结构如图 9-3 所示。MFC 有 100 多种,下面将一些最常用的类按它们的功能组合到容易理解的类别中,有关 MFC 类的全部信息可参考 Visual C++的联机文档。

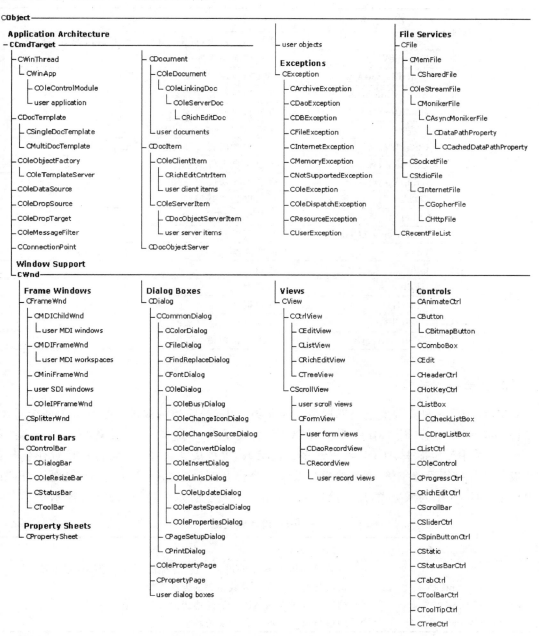

图 9-3 CObject 类的层次结构

1. 窗口类

窗口是 Windows 编程中用得最多的一个概念,MFC 提供很多不同的窗口类。这些窗口类可以被划分为四个主要类别:框架窗口、视图窗口、对话框以及控件,如表 9-4 所示。其中每一个类都提供不同的功能。它们具备的共同之处是都代表某一种类型的窗口,并且都是从 CWnd 类中派生而来的。框架窗口是文档/视图结构应用程序中的"容器窗口"。框架窗口中包括视图窗口,而视图窗口中包括文档。在表 9-4 中分别列出了这些窗口类。

表 9-4   窗口类

类 别	类 名	说 明
框架窗口类	CWnd	通用的窗口类,提供 MFC 中所有窗口的通用特性
	CFrameWnd	单文档应用程序的主框架窗口
	CMDIFrameWnd	多文档应用程序的主框架窗口
	CMDIChildWnd	多文档应用程序的子窗口
	CSplitterWnd	拆分窗口
视图窗口类	CView	文档/视图应用程序中的基本视图
	CScrollView	提供包含内置滚动性能的 Cview
	CFormView	可以包含控件的视图
	CEditView	提供编辑功能的视图
对话框类	CDialog	对话框类的基类
	CFileDialog	文件选择对话框
	CFindReplaceDialog	查找替换对话框
控件类	CStatic	静态文本
	CButton	按钮
	CEdit	编辑框
	CListBox	列表框
	CScrollBar	滚动条:垂直或水平
	CSpinButtonCtrl	上下按钮控件

2. 图形类

MFC 中另一种重要类别是图形类。在此类别中,这些类可被进一步划分为两个子类:设备环境和图形设备。MFC 中的 CDC 类实现了对 Windows 中设备环境的封装,从 CObject 类中派生而来。CDC 类有许多成员函数,提供诸如选择 GDI 对象、设置颜色与调色板、绘制图形、设置字体、文本输出以及设备坐标和逻辑坐标转换等功能。此外,MFC 还提供了一些 CDC 的派生类,用于操作不同的设备环境。设备环境类如表 9-5 所示。

表 9-5   设备环境类

类 名	说 明
CDC	封装了 Windows 中的设备环境,并提供成员函数操作设备环境
CClientDC	构造与窗口中客户区域相关的设备环境
CPaintDC	构造响应 WM_PAINT 消息使用的设备环境
CWindowDC	构造与窗口区域相关的设备环境

图形设备是用于绘图操作的一个对象。所有图形设备类都是从 CGdiObject 类中派生而来的，而 CGdiObject 类又是从 CObject 类中派生而来的。图形设备类如表 9-6 所示。

表 9-6　图形设备类

类　名	说　明
CBrush	实现对 Windows GDI 中画刷的封装
CFont	实现对 Windows GDI 中字体的封装
CPen	实现对 Windows GDI 中画笔的封装

3. 程序结构类

程序结构类如表 9-7 所示。

表 9-7　程序结构类

类　名	说　明
CDocument	文档类，提供保存应用程序的数据，并提供磁盘文件操作
CWinApp	应用程序类，提供管理整个程序初始化等功能

4. 部分非 CObject 派生类

虽然在 MFC 类库中只有少数类不是从 CObject 类派生的，但在设计 MFC 应用程序时，它们有很重要的作用。它们主要被用作封装 Windows 的数据结构或对 MFC 库特定属性的支持。表 9-8 列出部分非 CObject 派生类。

表 9-8　部分非 CObject 派生类

类	功　能
CCmdUI	为菜单项和控制条按钮的允许或禁止提供支持
CPoint	对 Windows 系统的 POINT 结构提供封装
CRunTimeClass	定义一个静态数据结构以便存放类的属性细节（类型信息、诊断帮助、连载信息等）
CSize	对 Windows 系统的 SIZE 结构提供封装
CString	支持动态字符串

此外，不是所有的 API 函数都被以类的方式进行了封装，还有部分 API 函数在 MFC 中以全局函数的形式存在。这类函数以 Afx 打头，可以在代码的任何位置调用。部分 Afx 如表 9-9 所示。

表 9-9　部分 Afx 函数

函　数　名	功　能
AfxMessageBox	显示 Windows 消息框
AfxGetApp	返回指向应用程序对象的指针
AfxGetAppName	返回应用程序的名称
AfxGetMainWnd	返回指向应用程序主窗口的指针
AfxGetInstanceHandle	返回当前应用程序实例的句柄

9.2.3　文档/视图结构

文档/视图结构是 MFC 应用程序框架的核心。通过引入文档/视图结构，MFC 改变了 Windows 应用程序的编程方式。在采用文档/视图结构的应用程序中，数据的维护及其显示是由两个不同的但又彼此紧密相关的对象——文档和视图负责的。文档对象通常代表应用程序的数据，而视图对象用于数据的显示并管理与用户的交互，如用户的选择或编辑操作。

文档/视图结构将数据与数据的显示分离开来，这样的编程模型提供了许多好处，它不仅仅使得各软件模块的分工更加明确，形成高度的模块化，并且同一数据可以通过不同的方式显示，使得用户能从多种角度看待同一数据。例如，将同一的数据分别以图表和表格形式显示。此外，采用文档/视图结构可以很容易地支持多个视图、多种文件类型、分割窗口和其他有价值的用户界面功能。更重要的是，文档/视图结构提供了常用功能的框架代码，如提示用户在关闭文件之前保存未保存的数据，从而简化了开发过程。

MFC 支持两种类型的文档/视图应用程序。单文档界面（Single Document Interface，SDI）应用程序支持在同一时刻只有一个打开的文档。多文档界面（Multiple Document Interface，MDI）应用程序允许同时打开两个或两个以上的文档。写字板是一个 SDI 应用程序，Microsoft Word 是一个典型的 MDI 应用程序。

MFC 的文档/视图结构有以下四个主要的类。

（1）CDocument 类：主要任务通常是对数据进行管理和维护，数据将保存在文档类的成员变量中。同时它为视图对它的访问提供一个接口函数，视图通过对这些变量的访问来获取或送回数据。文档还负责将数据存储到永久的存储介质中，通常是磁盘或数据库。

（2）CView 类（或它的许多派生类之一）：主要功能是显示文档数据，并接受用户对数据的修改。

（3）CFrameWnd 类：主要功能是为一个或多个视图提供框架。

（4）CDocTemplate 类（CSingleDocTemplate 或 CMultiDocTemplate）：主要功能是为某种特定的文档类型建立正确的文档、视图和框架窗口对象。

9.2.4　消息映射

MFC 应用程序与其他任何 Windows 程序一样，也使用消息驱动机制，但是 MFC 应用程序框架提供了一些方法，使得消息的处理更容易。在传统的 Windows 应用程序中，在窗口函数中使用一个巨大的 switch 语句接收和处理消息；在 MFC 应用程序中，是通过 MFC 提供的一套消息映射机制处理消息。因此，MFC 简化了程序员编程时处理消息的复杂性。

所谓消息映射，简单地讲，就是将特定的消息映射到相应的类的成员函数进行处理。MFC 在内部采用某些十分复杂的宏实现消息的传递和映射，但使用消息映射相对简单。对于某个消息，程序员首先需要决定在哪个类中处理该消息；然后借助于 ClassWizard 向导，建立消息和处理消息的类成员函数之间的映射；最后编写消息处理代码。

MFC 中消息可以分为以下三类。

（1）Windows 消息：包括以 WM_开头的消息，但 WM_COMMAND 除外。该消息的产生一般与创建窗口、绘制窗口、移动窗口、销毁窗口，以及在窗口中的操作（如鼠标移动）等有关。

（2）控件通知消息：指当控件的状态发生改变（例如用户利用控件进行输入）时，控件向其父窗口发送的消息。

（3）命令消息：包括来自于菜单栏、工具栏中的按钮和加速键等用户界面对象的 WM_COMMAND 通知消息。

对于 Windows 消息和控件通知消息（但 BN_CLICKED 是个例外，该消息的传递方式与下面的命令消息的传递机制一样），MFC 把消息传递给相应的窗口处理，因此在窗口所对应的窗口类中建立消息处理函数是适当的选择。对于命令消息，MFC 提供一种特殊的消息传递机制，程序员可以在一个他认为合适的类中定义消息处理函数。以单文档应用程序为例，命令消息首先发送给主框架窗口对象，但 MFC 立即将命令消息发送到视图对象，如果视图对象没有提供处理，则 MFC 重发命令消息到文档对象；如果文档对象没有提供处理，则命令消息重新发送到主框架窗口对象；如果主框架窗口对象没有提供处理，则命令消息发送到应用程序对象；如果应用程序对象也没有提供处理，则使用 MFC 提供的默认处理。

9.2.5 分析 MFC 程序结构

Visual C++6.0 提供了各种向导和工具帮助编程者实现所需要的功能，在一定程度上实现了软件的自动生成和可视化编程。其中，应用程序向导 AppWizard 可以帮助软件开发人员创建 MFC 应用程序。

例 9-1 示例用 AppWizard 向导生成单文档应用程序 WinHello。其操作过程如下。

（1）启动 Visual C++ 系统。

（2）选择菜单 File|New，弹出如图 9-4 所示的 New 对话框，在 Projects 选项卡中选择 MFC AppWizard(exe)。在 Location 框中输入所创建应用程序的位置，如果不指定位置，则在默认位置创建项目。如果选择 Create new workspace 选项，将创建一个新工作区，并将新项目添加到这个新建的工作区；如果选择 Add to current workspace 选项，则将项目添加到

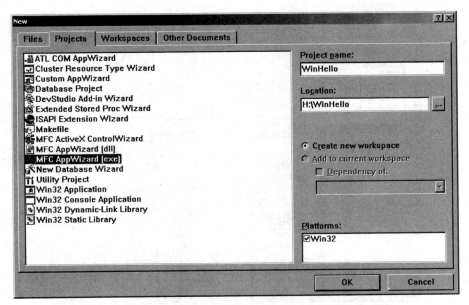

图 9-4 利用 AppWizard 生成 MFC 应用程序图示 1

当前工作区。在 Project name 中输入应用程序的名称 WinHello，单击 OK 按钮，出现如图 9-5 所示的 MFC AppWizard-Step 1 对话框。

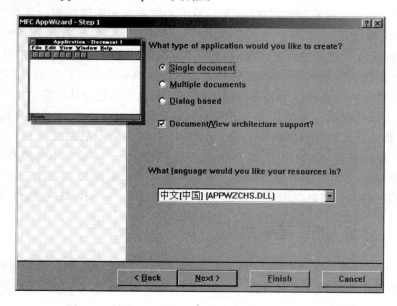

图 9-5　利用 AppWizard 生成 MFC 应用程序图示 2

（3）MFC AppWizard-Step 1 对话框的主要功能是选择应用程序的类型，有三个选项，即 Single document（单文档）、Multiple documents（多文档）和 Dialog based（对话框）。在这个对话框中，Document/View architecture support 选项决定是否需要 MFC 的文档/视图结构支持，如果需要则选定，否则程序中有关文件的打开、保存以及文档和视图的相互作用等功能需要用户来实现。选择 Single document 选项，单击 Next 按钮，出现如图 9-6 所示的 MFC AppWizard-Step 2 of 6 对话框。

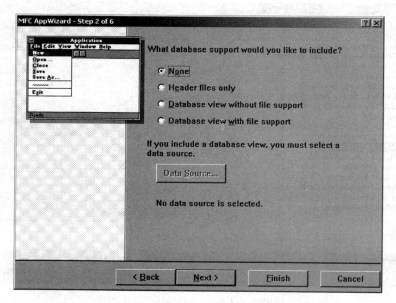

图 9-6　利用 AppWizard 生成 MFC 应用程序图示 3

（4）在 MFC AppWizard-Step 2 of 6 对话框中，用户可以选择程序中是否加入数据库的支持。接受默认的选项 None，单击 Next 按钮，出现如图 9-7 所示的 MFC AppWizard-Step3 of 6 对话框。

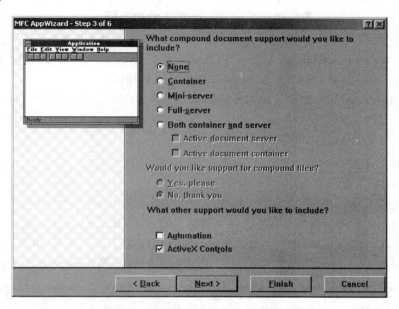

图 9-7　利用 AppWizard 生成 MFC 应用程序图示 4

（5）在 MFC AppWizard-Step 3 of 6 对话框中，允许用户在程序中加入复合文档（compound files）、自动化（Automation）、ActiveX 控件（ActiveX Controls）的支持。接受默认的选项 None，并取消选择 ActiveX Controls 选项，单击 Next 按钮，出现如图 9-8 所示的 MFC AppWizard-Step 4 of 6 对话框。

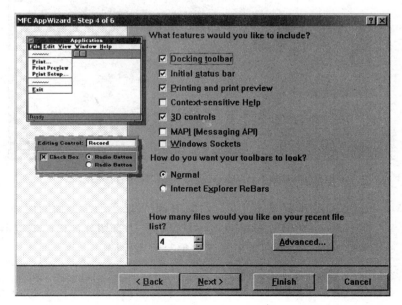

图 9-8　利用 AppWizard 生成 MFC 应用程序图示 5

（6）在 MFC AppWizard-Step 4 of 6 对话框中，对话框的前几项依次用于设定对浮动工具栏、打印与预览以及通信等特性的支持。各个选项的含义如下。

① Docking toolbar：为应用程序创建一个默认的工具栏。

② Initial status bar：为应用程序创建一个默认的状态栏。

③ Printing and print preview：具有打印与预览功能。

④ Context-sensitive Help：上下文帮助，在应用程序的"帮助"菜单中增加选项。

⑤ 3D controls：3D 控件，与 Windows 98 控件风格相同。

⑥ MAPI[Messaging API]：MAPI 标准接口，用以处理电子邮件的信息、声音邮件及传真数据。

⑦ Windows Sockets：TCP/IP 网络。

有关工具栏选项如下。

① Normal：普通的外观。

② Internet Explorer ReBars：与 IE 相似的外观。

在这个对话框的最后两项是最近文件列表数目的设置（默认为 4）和一个 Advanced 按钮。如果单击 Advanced 按钮将弹出一个对话框，允许用户对文档及其扩展名、窗口风格进行修改。接受默认选项，单击 Next 按钮，弹出如图 9-9 所示的 MFC AppWizard-Step 5 of 6 对话框。

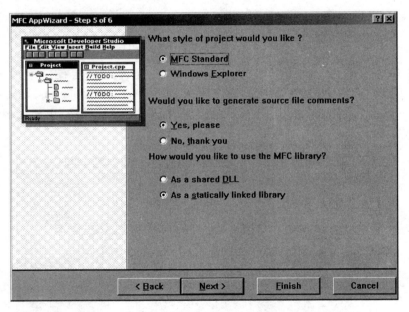

图 9-9　利用 AppWizard 生成 MFC 应用程序图示 6

（7）在 MFC AppWizard-Step 5 of 6 对话框中，设置以下三个方面的内容。

① 应用程序的主窗口是 MFC 标准风格还是窗口左边有切分窗口的浏览器风格。

② 在源文件中是否加入注释用来引导用户编写程序代码。

③ 使用动态链接库还是静态链接库。

选择 As a statically linked library 选项，其余的采用默认选项，单击 Next 按钮，弹出如图 9-10 所示的 MFC AppWizard-Step 6 of 6 对话框。

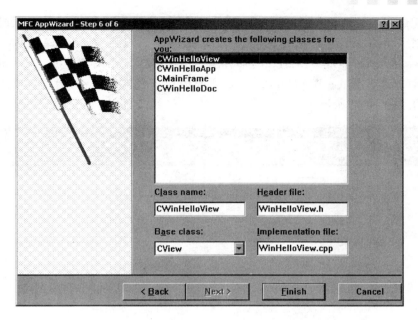

图 9-10　利用 AppWizard 生成 MFC 应用程序图示 7

（8）在 MFC AppWizard-Step 6 of 6 对话框中，可以对默认类名、基类名、各个源文件名进行修改。接受默认选项，单击 Finish 按钮，弹出如图 9-11 所示的 New Project Information 对话框。

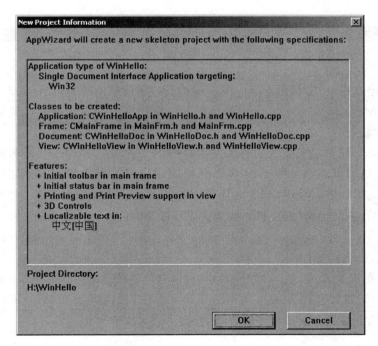

图 9-11　利用 AppWizard 生成 MFC 应用程序图示 8

（9）在 New Project Information 对话框中，列出了将要创建的应用程序的相关信息，单击 OK 按钮，完成应用程序的创建。如果不满意，可单击 Cancel 按钮，返回前面的步骤。

（10）完成程序的创建后，打开 Build 菜单，选择 BuildWinHello. exe 菜单项或按 F7 键，系统开始对 WinHello 进行编译、连接，同时在输出窗口中显示编译的内容，当出现 WinHello. exe-0 error(s)， 0 warning(s)字样时，表示已经正确地生成了 WinHello。在 Build 菜单中选取 Execute WinHello. exe 命令或按 Ctrl＋F5 组合键，运行生成的可执行文件，运行结果如图 9-12 所示。

图 9-12　利用 AppWizard 生成 MFC 应用程序的结果

从这个创建过程可知，利用 Visual C++ 提供的应用程序向导 AppWizard 可以很容易地创建一个基于 MFC 的 Windows 应用程序框架。用户可以在这个框架的基础上进一步编程，以实现更为复杂的任务。

AppWizard 向导为生成的派生类创建单独的源文件，默认情况下，类名和类源文件名与项目名相同，也可以在 AppWizard 向导创建应用程序过程中指定其他名称。WinHello 程序是单文档应用程序，AppWizard 向导自动创建了 4 个派生类和其他一些文件。这 4 个类分别是文档类、主框架窗口类、视图类和应用程序类。

1. 文档类

WinHello 的文档类名为 CWinHelloDoc，从 MFC 的文档类 CDocument 派生而来。CWinHelloDoc 类的定义在头文件 WinHelloDoc. h 中，类的实现在 WinHelloDoc. cpp 中。文档类的主要功能是保存应用程序的数据，并提供磁盘文件操作。

2. 主框架窗口类

WinHello 的主框架窗口类名为 CMainFrame，从 MFC 的单文档框架窗口类 CFrameWnd 派生而来。CMainFrame 类的定义在头文件 MainFrm. h 中，类的实现在 MainFrm. cpp 中。

主框架窗口类管理主框架窗口。

3. 视图类

WinHello 的视图类名为 CWinHelloView，从 MFC 的视图类 CView 派生而来。CWinHelloView 类的定义在头文件 WinHelloView.h 中，类的实现在 WinHelloView.cpp 中。视图类管理视图窗口，负责数据的显示（在屏幕、打印机或其他设备上）和处理用户的输入。

4. 应用程序类

WinHello 的应用程序类名为 CWinHelloApp，从 MFC 的应用程序类 CWinApp 派生而来。CWinHelloApp 类的定义在头文件 WinHello.h 中，类的实现在 WinHello.cpp 中。应用程序类的功能是管理整个程序，完成除上述三个类的功能以外的其他功能，如初始化程序、生成窗口等。

这 4 个派生类通过发送消息、调用接口函数相互通信，共同作用完成应用程序所具有的功能。

5. 其他文件

除了创建以上 4 个派生类的源文件外，AppWizard 向导还创建其他一些应用程序所需的文件。其中 StdAfx.cpp 用于生成预编译头文件，是每一个基于 MFC 的应用程序都需要的。

9.2.6　MFC 程序运行机制

MFC 应用程序有自己特殊的运行机制，下面以 WinHello 程序为例，介绍应用程序的执行过程，WinHello 的执行过程如图 9-13 所示。

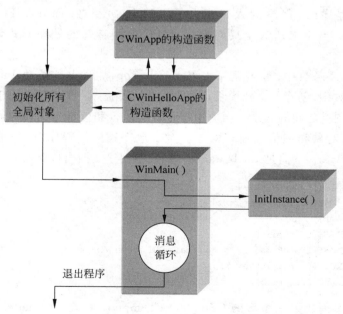

图 9-13　WinHello 应用程序的执行过程

1. 调用 CWinApp 的构造函数

基于 MFC 的 Windows 应用程序只能有一个应用程序派生类，在它的基类 CWinApp 中封装了程序的初始化、运行和结束等功能。在文件 WinHello. cpp 中，AppWizard 使用如下方式自动生成应用程序类的一个实例 CWinHelloApp。

说明：以下英文注释行是向导创建应用程序自动产生的，用以提示。

```
////////////////////////////////////////////////////////////////////
//The one and only CWinHelloApp object

CWinHelloApp theApp;
```

由于 CWinHelloApp 定义为全局对象，因此 CWinHelloApp 在应用程序进入 WinMain() 函数之前首先初始化。CWinHelloApp 的构造函数由 AppWizard 自动生成，在 WinHello. cpp 中，有如下代码：

```
CWinHelloApp::CWinHelloApp()
{
    //TODO: add construction code here,
    //Place all significant initialization in InitInstance
}
```

这种空的构造函数导致编译系统调用其基类 CWinApp 的默认构造函数。MFC 提供的 CWinApp 构造函数完成两个重要任务：确保程序只声明一个应用程序对象；存放 CWinHelloApp 对象地址，以便 MFC 代码能调用 CWinHelloApp() 中的成员函数。

2. 调用 WinMain() 函数

用 SDK 编程序时，程序的入口点是 WinMain() 函数，而在 MFC 程序中看不到 WinMain() 函数。当生成所有全局对象后，MFC 使用特殊的处理方式调用 WinMain() 函数。

在 WinMain() 函数中，首先调用 CWinHelloApp 类的成员函数 InitInstance()。在 InitInstance() 函数中，创建的文档模板（与 C++ 中的模板不一样）对象用于建立文档类、主框架窗口类和视图类之间的联系。当应用程序首次运行和生成新文档时，利用文档模板生成文档对象、视图对象和主框架窗口对象。对于单文档应用程序，使用单文档模板类，即 CSingleDocTemplate。下面是 InitInstance() 函数中创建文档模板对象的代码：

```
CSingleDocTemplate? pDocTemplate;
pDocTemplate = new CSingleDocTemplate(
    IDR_MAINFRAME,
    RUNTIME_CLASS(CWinHelloDoc),
    RUNTIME_CLASS(CMainFrame),          //main SDI frame window
    RUNTIME_CLASS(CWinHelloView));
AddDocTemplate(pDocTemplate);
```

这段代码动态创建了一个新的 CSingleDocTemplate 对象。CSingleDocTemplate() 的构造函数带有 4 个参数。第一个参数是一个资源标识符，代表在程序中使用的菜单、图标、字符串、加速键等资源。构造函数的第 2～4 个参数分别提供文档类、主框架窗口类和视图类的运行类（CRUNTIMECLASS）指针，由宏 RUNTIME_CLASS（）取得。随后，AddDocTemplate（）函数将模板对象存放在应用程序对象中，使文档打开时模板可用。

创建文档模板对象后，InitInstance（）函数调用 ParseCommandLine（）函数取出运行时传入的命令行参数，然后调用 ProcessShell（）函数处理这些参数。

```
//Parse command line for standard shell commands, DDE, file open
CCommandLineInfo cmdInfo;
ParseCommandLine(cmdInfo);
//Dispatch commands specified on the command line
if (!ProcessShellCommand(cmdInfo))
    return FALSE;
```

如果命令行参数包含文件名，则 ProcessShellCommand（）会打开相应的文件；如果命令行参数是空的，ProcessShellCommand（）则调用 CWinApp 的 OnFileNew（）函数。OnFileNew（）函数由 MFC 提供，它利用文档模板创建相应的对象和窗口。对于 WinHello 程序，将依次创建 CWinHelloDoc 对象、CMainFrame 对象、主框架窗口、主框架窗口客户区、CWinHelloView 对象、视图窗口。这些对象和窗口由 MFC 自动生成，在 WinHello 的代码中看不到这些对象的定义和函数调用。

最后，InitInstance（）函数调用主窗框架口对象的 ShowWindow（）和 UpdateWindows（）成员函数，在屏幕上显示主框架窗口，以及主框架窗口客户区中的内容：

```
//The one and only window has been initialized, so show and update it.
m_pMainWnd->ShowWindow(SW_SHOW);
m_pMainWnd->UpdateWindow();
```

代码中的变量 m_pmainWnd 是由 MFC 自动创建的 CMainFrame 对象指针。常量 SW_SHOW 指定窗口的显示方式。

完成初始化工作后，InitInstance（）函数将控制返回 WinMain（）函数。WinMain（）调用应用程序对象的 Run（）函数进入消息循环，检查应用程序的消息队列中是否有需要处理的消息。如果有，则调度消息做相应的处理；否则，调用应用程序对象的 OnIdle（）函数，进入空闲处理，完成如清理临时对象等任务。如果没有任何的空闲处理需要完成，则进入睡眠状态，直到有消息需要处理，这个过程一直持续。当收到程序终止的消息时，MFC 调用应用程序对象的 ExitInstance（）函数，退出程序的运行。

9.3 本章小结

本章介绍了有关 Windows 编程和 MFC 的基本概念，并在此基础上介绍了用 Visual C++6.0 的应用程序向导可以自动生成满足用户基本需要的 MFC 应用程序框架，用户依据 MFC 应用程序的消息映射机制，可以定义消息、定义消息响应函数、建立消息映射表，完成更复杂的用户需求。

9.4 习题

1. 简述 Windows 应用程序的结构及运行机制。

2. 简述 MFC 应用应用程序的运行机制。

3. 简述 MFC 中消息响应的机制。

4. 当应用程序向导生成 MFC 应用程序时，在源代码中找不到 WinMain( )函数，这是为什么？

实验 利用 AppWizard 向导生成 Windows 应用程序

一、实验目的

学习利用 AppWizard 向导开发 Windows 应用程序的过程。

二、实验内容

AppWizard 是一个工具，利用该工具，可以创建一个建立在 MFC 基础上的窗口应用程序框架，然后在这个框架中加上自己的应用逻辑。可以选择所创建的应用类型，最常用的是多文档应用（就像文字编辑器 Microsoft Word 一样，可以同时打开多个文档窗口的应用）、单文档应用（类似于 Windows 提供的 Notepad，一次只能打开一个文档）和对话框应用（类似于 Windows 的时钟程序）。

1. 用 AppWizard 建立一个单文档应用程序，在窗口中输出"Hello, World!"。

2. 用 AppWizard 建立一个对话框应用程序，在对话框上放置相应控件。程序结果如图 9-14 所示。

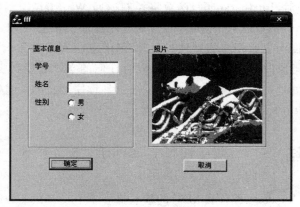

图 9-14 对话框界面图

三、实验步骤

1. 创建一个新项目。

利用 Developer Studio 的 AppWizard 创建一个新的项目，步骤如下。

（1）选择菜单 File|New，系统将显示 New 对话框。

（2）选择 Projects 选项卡，在显示的项目类型中选择 MFC AppWizard(exe)。

（3）在右边的 Project name 编辑框中输入项目名称，如 helloMFC，然后单击 OK 按钮。

（4）MFC AppWizard 将分步询问有关要建立的新项目的配置。第一个对话框问创建哪种类型的应用（是单文档、多文档还是对话框类型），选择创建单文档应用 Single document，然后单击 Next 按钮。

（5）翻过后面的五个页面（单击 Next 按钮），每个页面可以改变项目的不同选项，这个例子暂时不设置这些选项。

（6）最后一个 MFC AppWizard 屏幕告诉用户 AppWizard 自动产生的类。单击 Finish 按钮，AppWizard 显示一个关于该项目的摘要，列出这些类和所选择的特征，如图 9-15 所示。

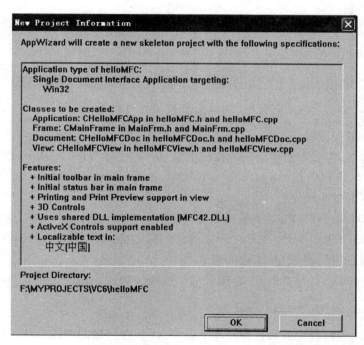

图 9-15　最后一个 MFC AppWizard 界面

（7）单击 OK 按钮，系统自动产生 helloMFC 所需要的文件。

2. 浏览 helloMFC 项目。

当用 MFC AppWizard 创建了 helloMFC 项目后，这个项目的工作区窗口将会打开，工作区窗口如图 9-16 所示。

可以先选择 FileView 看一下 AppWizard 为用户创建了哪些文件，然后选择 ClassView 看一下定义了哪些类。在 ClassView 中还可以看到一个 Globals 文件夹，单击它前面的加号，可以看到有一个预定义

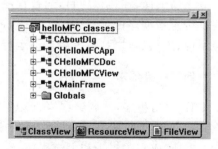

图 9-16　打开 helloMFC 项目后的工作区窗口

的全局变量 theApp，这是 Windows 应用程序类的对象。

3. 编译、连接、运行。

按 F7 键或者选择菜单 Build|Build helloMFC. exe，编译连接得到可执行程序，再按 Ctrl＋F5 组合键或者选择 Build|Execute helloMFC. exe 运行该程序。程序运行的结果如图 9-17 所示。

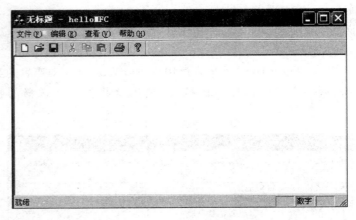

图 9-17　编译、连接、运行的结果

4. 用 MFC 处理输出。

现在修改程序，需要在程序中间的窗口上显示一行文字"Hello，World!"，步骤如下。

（1）在工作区窗口中选择 ClassView 选项卡，单击 helloMFC classes 前面的加号（如果已经变成减号则不做此操作）。

（2）单击 CHelloMFCView 类前面的加号。

（3）双击 OnDraw()函数，在右边的文档显示窗口将显示文件 helloMFCView 的内容，并且自动将光标定位到函数 OnDraw()处。

（4）修改 OnDraw()函数的定义，在最后一行加一句：

```
pDC->TextOut(50,50,"Hello, World");
```

（5）按 Ctrl＋S 组合键或者选择菜单 File|Save 保存所做的修改。

5. 编译、连接并运行。

重新编译、连接该项目，运行程序，也可以用 Ctrl＋F5 组合键直接运行程序，系统将询问是否重新编译该项目，选择"是（Yes）"，如果有编译错误，仔细检查所加语句是否有错。当编译、连接通过后，系统会自动运行该程序。查看结果。

四、实验要求

1. 写出程序，并调试程序，给出测试数据和实验结果。

2. 整理上机步骤，总结经验和体会。

3. 完成实验报告和上交程序。

第10章

GDI编程

在 Windows 操作系统下,Windows 应用程序输出的任何内容(包括文本),都是图形。Windows 应用程序使用图形设备接口(GDI)和 Windows 设备驱动程序来支持与设备无关的图形输出。GDI 提了绘图的基本工具,能够绘制点、直线、曲线、多边形、位图图形和文本。在 MFC 中,设备环境类 CDC 封装这些绘图函数,方便应用程序的调用。

在 MFC 应用程序中,广泛采用了文档/视图结构。文档中保存了应用程序的数据,视图则负责将文档的数据显示出来,因此,在 MFC 应用程序中,大多数的显示工作都是在应用程序的视图类中完成的。本章中将介绍如何在单文档应用程序中使用图形或文本显示数据。

10.1 Windows GDI

GDI 位于 Windows 应用程序与设备驱动程序之间,这种结构让程序员从直接处理不同硬件的工作中解放出来,把硬件间的差异交给了 GDI 处理。GDI 通过将 Windows 应用程序与不同输出设备特性相隔离,为 Windows 应用程序提供了一套与具体设备无关的绘图程序接口。Windows 应用程序、GDI 和设备驱动程序之间的关系如图 10-1 所示。

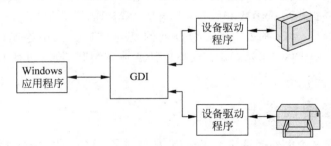

图 10-1　应用程序、GDI 和设备驱动程序之间的关系

GDI 由一系列函数和相关的数据结构组成,应用程序可以使用它们产生图形输出。GDI 函数能够绘制直线、曲线、封闭的图形、路径、位图图形和文本。图像根据为其选定的风格来绘制,其中包括画笔、画刷和字体等。画笔对象负责直线和曲线的绘制;画刷对象负责封闭图形内部的填充;字体决定文本的属性。

为了简化图形的绘制,MFC 对各种图形绘制有关的函数进行了封装,大部分的绘图操作可以通过调用 CDC 类的成员函数来完成。

10.1.1　设备环境

设备环境（Device Context，DC）是由 GDI 保存的一个数据结构，包含输出设备的绘图特征。当 Windows 在屏幕、打印机或其他输出设备上绘图时，它并不是将像素直接输出到设备上，而是将图像绘制在设备环境所表示的逻辑意义上的显示平面上。不同设备有不同的设备环境，在输出设备上输出的先决条件是获得该设备的设备环境。例如，为了在屏幕上显示绘图，Windows 程序必须捕获该显示器的一个 DC。此外，DC 还包含一些抽象的对象，用于图形的绘制。这些对象包括画笔（pen）、画刷（brush）和字体（font）。

在 MFC 中，CDC 类实现了对设备环境和 GDI 绘图函数的封装，通过创建设备环境对象并调用成员函数来完成绘图。在 MFC 的文档/视图结构中，当响应 WM_PAINT 消息时，CView 类（及其派生类）的成员函数 OnDraw() 会获得一个 CDC 类对象的指针，用户可以通过该指针完成各种绘图操作，如下面代码所示。

```
void CWinHelloView::OnDraw(CDC * pDC)
{
    //使用 pDC->绘制图形
}
```

在非 CView 类派生的窗口（如对话框）中，系统调用窗口类的成员函数 OnPaint() 响应 WM_PAINT 消息，此时需要使用 CDC 类的派生类 CPaintDC 绘制图形，如下面代码所示。

```
void CDialogDemoDlg::OnPaint()
{
    CPaintDC dc(this);
    //使用 pDC->绘制图形
}
```

需要说明的是，当应用程序的窗口出于某种原因需要更新时，系统就会向应用程序发送 WM_PAINT 消息，一般调用成员函数 OnPaint() 响应消息，但 CView 类（及其派生类）有其特殊的处理方式，并提供成员函数 OnDraw() 响应 WM_PAINT 消息。

如果需要在 OnDraw() 和 OnPaint() 以外的其他成员函数中绘制图形，则需要使用 CDC 的派生类 CClientDC。如果需要在窗口内任意地方绘制图形（包括非客户区），则使用 CDC 的派生类 WindowDC。

10.1.2　绘图模式

当 GDI 将像素点输出到逻辑显示平面时，它不是简单的输出像素点的颜色。相反，它通过一系列的布尔运算将像素点的颜色和输出目标位置上的像素点的颜色结合在一起。使用这种方法可以使用相同的画笔在白色背景上画黑线，也可以在黑色背景上画白线而事先并不知道背景的颜色。在默认模式下，绘图方式被定义为 R2_COPYPEN，Window 只是简单地将输出像素的颜色复制给目标。也可以调用 CDC 的成员函数 SetRoP2() 修改上述行为，其函数原型为：

```
int SetROP2(int nDrawMode)
```

其中,函数的返回值为绘图模式的前一次取值。参数 nDrawMode 指定新的绘制模式,其部分取值如表 10-1 所示。

表 10-1　Windows 绘图模式部分取值

绘图模式	意义(在所绘的点上的操作)
R2_BLACK	像素总为黑色
R2_NOP	像素保持不变
R2_NOT	像素与屏幕反色
R2_COPYPEN	像素与选定的画笔颜色相同。该模式为默认模式
R2_XORPEN	像素颜色是画笔颜色与屏幕颜色做 XOR 运算所得的结果
R2_MASKNOTPEN	像素为画笔颜色反色与屏幕颜色的组合色

10.1.3　映射模式

大多数 GDI 作图函数需要指定图像的位置和大小,这些 GDI 函数使用逻辑坐标指定图像的位置,使用逻辑单位指定图像的大小。在最后的实际绘制中,Windows 把逻辑坐标转换成设备坐标,把逻辑单位转换成设备单位,将图形绘制到屏幕上。例如,函数 Rectangle (0,0,200,100)告诉 GDI 以逻辑坐标的原点为矩形的左上角,画一个大小为 200 个逻辑单位的矩形。在默认情况下,一个逻辑单位相当于一个像素,坐标原点在窗口的左上角,X 轴正向向右,Y 轴正向向下。Windows 还定义有其他影射模式,可以通过调用 CDC 类的成员函数 SetMapMode()设置,SetMapMode()函数原型如下:

```
virtual int SetMapMode( int nMapMode)
```

其中,返回值为上一个映射模式。参数 nMapMode 指定新的映射模式,其部分取值如表 10-2 所示。

表 10-2　Windows 映射模式部分取值

映射方式	一个逻辑单位对应的距离	X 增加方向	Y 增加方向
MM_TEXT	1 像素	右	下
MM_LOMETRIC	0.1mm	右	上
MM_HIMETRIC	0.01mm	右	上
MM_LOENGLISH	0.01in	右	上
MM_HIENGLISH	0.001in	右	上
MM_TWIPS	1/1440in	右	上

10.2　文本输出与图形绘制

GDI 提供了大量的绘图函数,能够绘制点、直线、曲线、多边形、位图图形和文本。本节只简单介绍一些文本输出函数和与绘图相关的函数。

10.2.1　文本输出

1. 文本输出函数

Windows 提供了五个 GDI 函数在窗口的客户区输出文本。MFC 的 CDC 类实现了对这些函数的封装，包括 DrawText() 和 TextOut() 等。其中，DrawText() 函数的格式如下：

```
int DrawText(LPCTSTR lpszString,int nCount,LPRECT lpRect,UINT nFormat)
```

其中，lpszString 参数是指向输出字符串的指针；nCount 参数指明字符串的长度，如果是−1，则 lpszString 是一个指向以 null 结尾的字符串的长指针；lpRect 参数是指向 RECT 结构的指针；nFormat 参数指定输出格式。

TextOut() 函数的格式如下：

```
BOOL TextOut( int x,int y,const CString& str)
```

其中，x 参数指定文本起点的 X 逻辑坐标，y 参数指定文本起点的 Y 逻辑坐标，str 参数指定包含字符的 CString 对象。

2. 文本属性

当使用 CDC 的文本输出函数输出文本时，并没有在函数的调用过程中指定某些输出特性（如文本的颜色和背景颜色），这些输出特性由文本输出函数通过设备环境获得。使用 CDC 类提供的成员函数对设备环境进行不同的设置，可以得到不同的输出效果。其中，设置文本的颜色和文本的背景色函数的格式如下：

```
virtual COLORREF SetTextColor( COLORREF crColor )
```

```
virtual COLORREF SetBkColor( COLORREF crColor )
```

其中，crColor 参数指定新的颜色，数据类型 COLORREF 是一个 32b 整型数，它代表了一种颜色。

3. 文本的字体

字体反映了字符的外观特性，同一字符以不同字体输出时外观会有所差别。Windows 系统本身提供了一些系统字体，对于大多数应用程序，只需要使用 CDC 类的成员函数 SelectStockObject() 将系统字体选入设备环境，调用文本输出函数即可完成基本的文本输出功能。SelectStockObject() 函数的原型如下：

```
virtual CGdiObject * SelectStockObject( int nIndex )
```

其中,nIndex 参数是要选入设备环境的系统字体的代码。常用的字体代码如表 10-3 所示。

表 10-3　Windows 常用的字体代码

字 体 代 码	说　　明
ANSI_FIXED_FONT ANSI	固定系统字体
ANSI_VAR_FONT ANSI	变化系统字体
DEVICE_DEFAULT_FONT	依赖设备的字体
OEM_FIXED_FONT	依赖 OEM 的固定字体
SYSTEM_FONT	系统字体。默认 Windows 使用系统字体绘制菜单、对话框控件和其他文本

如果应用程序需要执行比较复杂的文本输出,则可以采用逻辑字体。创建逻辑字体并不是创建一种新的字体,逻辑字体使用和设备无关的方式来描述一个字体,当它被选进设备环境时,GDI 根据逻辑字体的描述选配最接近的物理字体进行输出。MFC 使用 CFont 类实现对逻辑字体的封装,要创建字体,首先要声明一个 CFont 对象表示逻辑字体,然后初始化 CFont 对象。如果想要以像素为单位指定字体尺寸,则使用 CFont 类的成员函数 CreateFont()和 CreateFontIndirect();如果想以点为单位指定字体的尺寸,则调用成员函数 CreatePointFont()和 CreatePointFontIndirect()。传统印刷方式中,一个点为 1/72in,在 Windows 中,针对不同的输出设备,字符高度稍有不同。

CreatePointFont()函数格式如下:

```
BOOL CreatePointFont(int nPointSize, LPCTSTR lpszFaceName, CDC * pDC = NULL)
```

其中,nPointSize 参数指定字体高度(用 0.1 点表示,例如,传递 120 表示 12 点字体),lpszFaceName 参数指定字体名称。

CreatePointFontIndirect()函数格式如下:

```
BOOL CreatePointFontIndirect(const LOGFONT * lpLogFont, CDC * pDC = NULL)
```

其中,参数 lpLogFont 指向 LOGFONT 结构的指针。LGFONT 结构定义了逻辑字体特征,结构体原型如下:

```
typedef struct tagLOGFONT {
    LONG lfHeight;                    //高度
    LONG lfWidth;                     //宽度
    LONG lfEscapement;               //输出的角度
    LONG lfOrientation;              //字体打印角度
    LONG lfWeight;                    //字体粗细
    BYTE lfItalic;                    //斜体字
    BYTE lfUnderline;                //下画线
    BYTE lfStrikeOut;                //字体被直线穿过
    BYTE lfCharSet;                   //字符集
    BYTE lfOutPrecision;             //输出精度
    BYTE lfClipPrecision;            //剪辑精度
    BYTE lfQuality;                   //字体图形质量
    BYTE lfPitchAndFamily;           //字间距
```

```
    TCHAR lfFaceName[LF_FACESIZE];        //所用的字体名
} LOGFONT, * PLOGFONT;
```

例 10-1　使用系统字体和自定义字体，设置文本的颜色和背景色，输出文本。其操作步骤如下。

（1）利用 AppWizard 向导，创建一个项目名为 CWinHello 的单文档应用程序。

（2）为 CWinHello 的文档类添加数据成员和接口函数。在 WinHelloDoc.h 文件中添加下面的黑体代码（以下同）。

```
class CWinHelloDoc:public CDocument
{
protected:
    char * m_Message;
public:
    char * GetMessage()
    {
        return m_Message;
    }
    //…
}
```

（3）修改 WinHelloDoc.cpp 中的构造函数，初始化数据。

```
CWinHelloDoc::CWinHelloDoc()
{
    //TODO: add one-time construction code here
    m_Message = "hello world";
}
```

（4）修改 WinHelloDoc.cpp 中的成员函数()OnDraw，添加黑体代码。

```
void CWinHelloView::OnDraw(CDC? pDC)
{
    CWinHelloDoc * pDoc = GetDocument();
    ASSERT_VALID(pDoc);
    //TODO: add draw code for native data here
    CFont MyFont;                              //声明逻辑字体变量
    CFont * pOldFont;
    RECT ClientRect;                           //定义矩形变量,保存客户区
    GetClientRect(&ClientRect);                //取得客户区坐标并保存在 ClientRect 中
    //设置使用的系统字体、文本颜色和背景色
    pDC->SelectStockObject(ANSI_FIXED_FONT);
    pDC->SetTextColor(RGB(255,0,0));
    pDC->SetBkColor(RGB(0,255,0));
        pDC->DrawText
    (pDoc->GetMessage(),                       //通过文档类的接口函数获取数据
    -1,
    &ClientRect,
    DT_CENTER|DT_VCENTER|DT_SINGLELINE);
    MyFont.CreatePointFont(720,_T("Arial"));   //创建自定义字体
    pDC->SetBkColor(RGB(0,0,255));
```

```
    pOldFont = pDC -> SelectObject(&MyFont);
    pDC -> TextOut(200,200,pDoc -> GetMessage());
}
```

其中,CRect 是一个矩形类,包含用于定义矩形的左上角和右下角点的成员变量。代码中的 GetClientRect()函数是视图类 CView 从窗口类 CWnd 继承而来,用于取得窗口的客户区坐标。DT_CENTER、DT_VCENTER 和 DT_SINGLELINE 是 Windows 定义的常量,分别代表文本水平居中对齐、垂直居中对齐和单行显示。_T 宏可以根据环境设置,使得编译器会根据编译目标环境选择合适的(Unicode 还是 ANSI)字符处理方式。在指定颜色时,使用了 RGB 宏,其定义如下:

```
COLORREF RGB(bRed, bGreen, bBlue)
```

参数 bRed、bGreen 和 bBlue 分别代表红色、绿色和蓝色。参数的取值范围为 0~255。0 表示亮度最低,而 255 表示亮度最高。

例 10-2　旋转文字。

操作步骤如下。

(1) 利用例 10-1 的步骤 1、步骤 2 和步骤 3 生成应用程序并添加数据。

(2) WinHelloView. cpp 中的成员函数 OnDraw(),添加黑体代码。

```
void CWinHelloView::OnDraw(CDC * pDC)
{
    CWinHelloDoc * pDoc = GetDocument();
    ASSERT_VALID(pDoc);
    //TODO: add draw code for native data here
    CRect rect;
    GetClientRect (&rect);
    pDC -> SetBkMode (TRANSPARENT);              //设置背景模式
    for (int i = 0; i < 3600; i += 150) {
        LOGFONT lf;
        ::ZeroMemory (&lf, sizeof (lf));
        lf.lfHeight = 160;                       //字体高度
        lf.lfWeight = FW_BOLD;                   //字体粗细为 700
        lf.lfEscapement = i;
        lf.lfOrientation = i;
        ::lstrcpy (lf.lfFaceName, _T ("Arial"));
        CFont font;
        font.CreatePointFontIndirect (&lf);
        CFont * pOldFont = pDC -> SelectObject (&font);
        pDC -> TextOut (rect.Width () / 2, rect.Height () / 2, pDoc -> GetMessage());
        pDC -> SelectObject (pOldFont);
    }
}
```

其中,Windows API 函数 ZeroMemory()将一段内存的内容置零; lstrcpy 将字符串复制到指定缓冲区。文本的输出位置在客户区的中央,CRect 类的成员函数 Width()和 Height()分别取得客户区的高度和宽度。在 LGFONT 结构中,lfWeight 的范围为 0~1000,正常情况

下的字体重量为 400，字体粗细为 700，代码中使用了 Windows 定义的常量；lfEscapement 以
1°/10 为单位指定每一行文本输出时相对于页面底端的角度；ifOrientation 以 1°/10 为单位
指定字符基线相对于页面底端的角度。代码中通过在每次输出时改变这两个值从而达到旋
转文本的目的。

10.2.2　绘图工具与函数

Windows 提供了两种影响 CDC 绘图函数工作方式的工具：画笔（pen）和画刷（brush）。

1. 画笔和画刷

画笔影响画线的方式，这些线包括直线、曲线以及封闭图形周围的边框。而画刷则影响
封闭图形内部的绘制方式。设备环境中默认画笔的绘制宽度为 1 像素的黑线。默认画刷将
封闭图形内填充为统一的白色。Windows 系统提供了一些固有的画笔和画刷，可以通过
CDC 类的成员函数 SelectStockObject() 将固有的画笔或画刷选入设备环境，选择固有画刷
和画笔的 nIndex 参数值，如表 10-4 所示。

表 10-4　Windows 的固有画刷和画笔的 nIndex 参数值

数　值	说　明	数　值	说　明
BLACK_BRUSH	黑色画刷	WHITE_BRUSH	白色画刷
GRAY_BRUSH	灰色画刷	BLACK_PEN	黑色画笔
HOLLOW_BRUSH	空心画刷	NULL_PEN	空笔
NULL_BRUSH	空画刷	WHITE_PEN	白色画笔

此外，MFC 使用 CPen 类和 CBrush 类分别实现对 GDI 中画笔和画刷的封装，通过调用
相应的 CPen 或 CBrush 的成员函数生成自定义的画笔或画刷，应用于图形绘制。

CPen 的构造函数 CreatePen() 的一种定义如下：

```
BOOL CreatePen( int nPenStyle, int nWidth, COLORREF crColor )
```

其中，参数 nPenStyle 指定画笔的风格，如表 10-5 所示。需要注意的是，除第一种画笔样式
外，其他样式都要求画笔宽度为 1 或更小（以设备单位计算）时才有效。参数 nWidth 指定
画笔的宽度，如果这个值为 0，则不管是什么映射模式，以设备单位计算的宽度总是 1 像素。
参数 crColor 包含了画笔的 RGB 值。

表 10-5　Windows 的画笔风格

画 笔 风 格	说　明	数　值
PS_SOLID	实线画笔	0
PS_DASH	虚线画笔	1
PS_DOT	点线画笔	2
PS_DASHDOT	虚线和点交替的画笔	3
PS_DASHDOTDOT	虚线和两点交替的画笔	4
PS_NULL	空画笔	5

常用的画刷可分为纯画刷(实画刷)和阴影画刷两类。纯画刷使用同一颜色填充封闭区域,而阴影画刷使用某种颜色的阴影在封闭区域内填充。这两种画刷都需要首先声明一个非初始化的 CBrush,然后分别调用 CBrush 的成员函数 CreateSolidBrush()和 CreateHatchBrush()来初始化画刷。

成员函数 CreateSolidBrush()定义如下:

```
BOOL CreateSolidBrush( COLORREF crColor )
```

其中,参数 crColor 包含了画刷的 RGB 值。

成员函数 CreateHatchBrush()定义如下:

```
BOOL CreateHatchBrush( int nIndex, COLORREF crColor )
```

其中,参数 nIndex 指定画刷的阴影线风格,如表 10-6 所示。crColor 指定画刷的前景色(RGB 形式的值),即阴影的颜色。

表 10-6　Windows 的画刷风格

画 刷 风 格	说　　明
HS_BDIAGONAL	45°的向下影线(从左到右)
HS_CROSS	水平和垂直方向以网格线做出阴影
HS_DIAGCROSS	45°的网格线阴影
HS_FDIAGONAL	45°的向上阴影线(从左到右)
HS_HORIZONTAL	水平的阴影线
HS_VERTICAL	垂直的阴影线

2. 绘图函数

图形的绘制通常需要首先确定画笔和画刷,然后调用 CDC 类中的绘图函数。这些绘图函数包括画点、线、矩形、椭圆等。下面介绍常见的画线函数和矩形函数。CDC 类的 LineTo()和 MoveTo()是实现画线的两个函数,配合使用这两个函数,可以完成直线和折线的绘制。

函数 LineTo()以当前位置为起点,指定直线的终点,划出一段直线,定义如下:

```
BOOL LineTo( int x, int y )
```

```
BOOL LineTo( POINT point )
```

其中,参数 x 和 y 指定直线终点的 X 和 Y 逻辑坐标。参数 point 指定直线终点,可以为该参数传递 POINT 结构或 CPoint 对象。POINT 为 Windows 定义的数据结构,其数据成员 x 和 y 表示一个点的 X 和 Y 坐标。CPoint 类是 MFC 是对 POINT 结构的封装。

函数 MoveTo()将当前位置移动到指定位置,并返回更新前的当前位置,定义如下:

```
CPoint MoveTo( int x, int y )
```

```
CPoint MoveTo( POINT point )
```

其中，参数 x 和 y 为新起点的 X 逻辑坐标和 Y 逻辑坐标。参数 point 指定新位置，可以为该参数传递 POINT 结构或 CPoint 对象。

CDC 类成员函数 Rectangle()用于矩形的绘制，函数格式如下：

```
BOOL Rectangle( int x1,int x2,int y2)
```

```
BOOL Rectangle( LPCRECT lpRect)
```

其中，参数 x1 和 y1 指定矩形的左上角坐标，而 x2 和 y2 指定矩形右下角的坐标。x1 指定矩形左上角的 X 逻辑坐标。参数 lpRect 是用逻辑单位表示的矩形，可以为该参数传递 RECT 结构或 CRect 对象。

RECT 是 Windows 定义的数据结构，数据成员 left 指定了矩形的左上角的 x 坐标，top 指定了矩形的左上角的 y 坐标，right 指定了矩形的右下角的 x 坐标，bottom 指定了矩形的右下角的 y 坐标。而 CRect 类是 MFC 对 RECT 结构的封装。

例 10-3 使用 Windows 绘图对象绘图。

（1）利用 AppWizard 向导，创建一个项目名为 Draw 的单文档应用程序。

（2）在视图类 CDrawView 的函数 OnDraw 中添加下面的黑体代码。

```
void CDrawView::OnDraw(CDC * pDC)
{
    CDrawDoc * pDoc = GetDocument();
    ASSERT_VALID(pDoc);
    //TODO: add draw code for native data here
    int i;
    CPen * pOldPen,NewPen[6];
    CBrush * pOldBrush,NewBrush[6];
    for (i = 0;i < 6;i++){
        NewPen[i].CreatePen(i,1,RGB(255,0,0));
        NewBrush[i].CreateHatchBrush(i,RGB(255,0,0));
    }
    pDC - > MoveTo(50,50);
    pDC - > LineTo(200,50);
    pDC - > Rectangle(350,50,450,70);
    for (i = 0;i < 6;i++){
        pDC - > MoveTo(50,100 + i * 50);
        pOldPen = pDC - > SelectObject(&NewPen[i]);
        pDC - > LineTo(200,100 + i * 50);
        pOldBrush = pDC - > SelectObject(&NewBrush[i]);
        pDC - > Rectangle(350,100 + i * 50,450,100 + i * 50 + 20);
    }
}
```

10.3　本章小结

　　本章首先简要介绍了 Windows 中图形设备接口（Graphics Device Interface，GDI）和设备环境（Device Context，DC）这两个概念。以此为基础，介绍了如何使用 MFC 的 CDC 类提供的图形对象和作图函数在单文档应用程序中绘制图形。

10.4　习题

　　1. 什么是 GDI？

　　2. 什么是设备环境？MFC 提供的设备环境类有哪些？有何用途？

　　3. 什么是字体？如何构造或定义字体？

第11章 键盘和鼠标消息及应用

随着计算机技术的发展,虽然出现了语音输入、手写输入等新的输入方式,但目前两种最常见的输入设备仍然是键盘和鼠标。键盘和鼠标的输入以消息的形式出现。Windows会自己处理一些键盘和鼠标消息,例如,当用户单击菜单栏上的一个项目时,自动弹出一个下拉菜单。但大多数应用程序需要自己处理键盘和鼠标消息。本章将分别介绍应用程序如何响应键盘和鼠标消息以及使用 ClassWizard 向导建立消息映射。

11.1 键盘消息

虽然目前出现大量的手写输入方式,但键盘仍是 Windows 的最基本的输入设备。

11.1.1 读键盘输入

键盘由所有在 Windows 下运行的应用程序所共享,有些应用程序可能还有多个窗口,当用户在键盘上按下一个键时,只有一个窗口能接收到某键已被按下的消息。能接收到这个键盘消息的窗口被称为有输入焦点的窗口。这种窗口通常是屏幕上最前方的窗口。

1. 扫描码与虚拟码

当按下一个键或释放一个键时,键盘设备就产生一个扫描码,扫描码可以唯一地确定一个按键。键盘类型根据语言或国家的不同而不同,不同的键盘其扫描码可能是不一样的。为了避免依赖于特定国家的键盘布局,Windows 键盘驱动程序将键盘的扫描码转换为一组标准虚拟键代码,和按键消息一起传递给应用程序。这样可以避免应用程序依赖特定的键盘布局,提高应用程序的通用性。表 11-1 列出了部分虚拟键代码。

表 11-1 部分虚拟键代码

Windows 标识符(虚拟键代码)	功　能　键	Windows 标识符(虚拟键代码)	功　能　键
VK_INSERT	Insert(插入)键	VK_BACK	Backspace 键
VK_LEFT	←(左箭头键)	VK_RETURN	Enter 键
VK_NEXT	PageDown 键	VK_0～VK_9	0～9 键

2. 击键消息

当用户按下一个键时,Windows 把 WM_KEYDOWN 或 WM_SYSKEYDOWN 消息

放入有输入焦点的窗口的消息队列中；当释放一个键时，Windows 把 WM_KEYUP 或 WM_SYSKEYUP 消息放入有输入焦点的窗口的消息队列中。WM_SYSKEYDOWN 和 WM_SYSKEYUP 中的 SYS 代表系统按键，这些消息的产生通常由 Alt 键和其他键的组合而产生。通常情况下，这些按键激活程序菜单或系统菜单上的选项，或用于切换窗口，也可以用作加速键，Windows 使用默认处理函数对此类消息进行处理，应用程序常常忽略它们。

3. 字符消息

虽然击键消息包含很多信息，但要从中取得键的代码不是一件容易的工作，所以，Windows 将再产生一条字符消息，在其中包含了键的代码，以利于应用程序处理。但某些按键将不产生字符消息，如 Ctrl、Home 和箭头键等。Windows 产生的两种字符消息分别是 WM_CHAR 和 WM_SYSCHAR。可以认为，当按下任意键时都产生击键消息，而当按了可显示字符键时除了产生击键消息，还会产生字符消息。

一般情况下，WM_SYSKEYDOWN 和 WM_SYSCHAR 消息由 Windows 负责处理。应用程序只需处理 WM_KEYDOWN 和 WM_CHAR。通过处理 WM_KEYDOWN 消息，响应用户的非打印字符按键（如功能键和箭头键等）。通过处理 WM_CHAR 消息，响应用户的打印字符按键（如 Enter、Backspace、Esc、Tab 键等）。

例 11-1　示例键盘输入程序。利用 AppWizard 向导，创建一个项目名为 KeyDemo 的单文档应用程序。KeyDemo 能接收用户的输入，并在视图窗口显示相应的字符。用 WM_CHAR 消息读取输入。

（1）添加数据成员。

按照各类的功能划分，文档类提供数据的存储，所以在 KeyDemoDoc.h 中定义 CString 类型的变量 m_text 存储输入的字符。CString 类提供了大量的成员函数和操作符，方便字符串的操作。例如，可以使用操作符"＋"或"＋＝"完成字符串的连接。

```
class CKeyDemoDoc:public CDocument
{
public:
    CString m_text;                 //以 m_开头表示类中的数据成员
    //…
}
```

数据成员的添加既可以通过手动加入，也可以使用 Visual C++提供的菜单命令完成。使用菜单命令添加数据成员方法如下。

① 打开 Class View 选项卡，右击需要添加数据成员的类。

② 出现的快捷菜单如图 11-1 所示。在出现的快捷菜单中选择 Add Member Variable 命令。

③ 出现的 Add Member Variable 对话框如图 11-2 所示。在 Variable Type 框中输入变量的类型 CString，在 Variable Name 框中输入变量的名字 m_text，在 Access 单选按钮组中选择变量的访问形式为 Public。单击 OK 按钮，完成变量的定义。

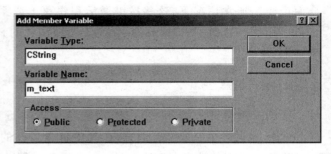

图 11-1　添加数据成员和函数菜单　　　　　图 11-2　Add Member Variable 对话框

（2）添加消息处理函数。

字符消息是 Windows 消息，由视图窗口处理。因此，在视图类中定义字符消息处理函数以及字符显示功能。利用 Visual C++ 提供的 ClassWizard 向导在 KeyDemo 的视图类中添加消息处理函数的步骤如下。

① 打开 Visual C++ 的 View 菜单，选择 ClassWizard 命令，将出现 MFC ClassWizard 对话框，如图 11-3 所示。

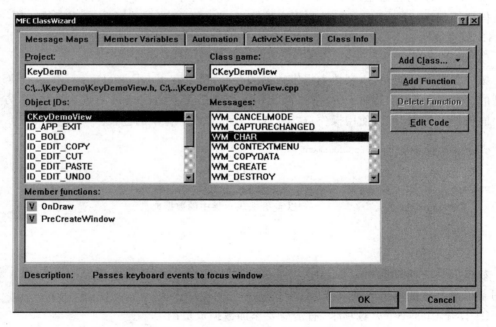

图 11-3　MFC ClassWizard 向导对话框

② 在 MFC ClassWizard 对话框中，打开 Message Maps 选项卡，显示 MFC ClassWizard 对话框中定义成员函数部分。

③ 在 Project 框中选择 KeyDemo 项，在 Class name 框中选择 CKeyDemoView 项。

④ 在 Object IDs 框中选择 CKeyDemoView 项。Object IDs 中列出了上一步选中的类

名。其他选项是特定用户界面对象的标识符,如菜单命令。

⑤ 在 Messages 框中选择 WM_CHAR 项。Messages 中列出了在上一步选中的对象能产生的各种消息和类中的虚函数。

⑥ 单击 Add Function 按钮,接受默认的函数名。在 Member Functions 框中可以看到,ClassWizard 向导为 WM_CHAR 消息建立了消息处理函数 OnChar。

⑦ 单击 OK 按钮,完成消息处理函数的添加。

ClassWizard 向导完成如下任务:将消息处理函数加入到所选择的类中作为成员函数,同时建立消息映射。消息映射就是将消息和处理函数联系起来,使得 MFC 消息机制对每个产生的消息调用相应的消息处理函数。对于 KeyDemo 程序,ClassWizard 向导将消息处理函数声明加在文件 KeyDemoView.h 中:

```
//Generated message map functions
protected:
//{{AFX_MSG(CKeyDemoView)
afx_msg void OnChar(UINT nChar,UINT nRepCnt,UINT nFlags);
//}}AFX_MSG
DECLARE_MESSAGE_MAP()
```

在上面的代码中,afx 用于提示 OnChar()是一个消息处理函数,可以省略。DECLARE_MESSAGE_MAP 用于声明消息映射。

在 KeyDemoView.cpp 中加入对应的消息映射宏功能:

```
BEGIN_MESSAGE_MAP(CKeyDemoView,CView)
//{{AFX_MSG_MAP(CKeyDemoView)
ON_WM_CHAR()                        //字符消息
//}}AFX_MSG_MAP
END_MESSAGE_MAP()
```

在上面的代码中,BEGIN_MESSAGE_MAP 开始消息映射并标示了消息所属的类和该类的基类。END_MESSAGE_MAP 结束消息映射。在 BEGIN_MESSAGE_MAP 和 END_MESSAGE_MAP 之间的是消息映射条目。ON_WM_CHAR 是 MFC 定义的宏,它将处理 WM_CHAR 消息的条目加入消息映射,将消息"链接"到成员函数 OnChar()中处理。不同的消息有不同的宏,可以查阅 MFC 文档获取与特定 ON_WM 宏相对应的处理函数。

ClassWizard 向导不仅可以建立消息处理函数,还可以加入虚函数。MFC 的类定义了大量的虚函数,提供默认的处理。AppWizard 向导生成的类中只有很少的成员函数,也就是说,程序大量使用了 MFC 提供的默认功能。如果需要特定的处理,可以将虚函数添加到类中,重新定义。

ClassWizard 向导在视图类中添加的字符消息处理函数 OnChar()的定义如下:

```
void OnChar( UINT nChar,UINT nRepCnt,UINT nFlags )
```

其中,nChar 参数是输入字符的代码;nRepCnt 参数是按键的次数;nFlags 参数中各位依次代表键的扫描码、键的先前状态、Alt 键状态和转换状态。

(3)在 OnChar()函数中添加键盘处理代码。

由 OnChar()函数的定义知道,OnChar()函数可以方便地取得按键的代码,下一步就是在视图窗口中显示字符。显示字符的必要条件是取得设备环境。和 OnDraw()函数不一样,设备环境没有作为参数传入 OnChar(),需要以另一种方式取得设备环境。MFC 提供了 CClientDC 类来取得窗口客户区的设备环境,它的构造函数格式如下:

```
CClientDC( CWnd pWnd )
```

其中,参数 pWnd 代表设备环境将要存取的客户区所在的窗口。

打开 CkeyDemoView.cpp,并在生成的 OnChar 函数中添加如下代码:

```
void CKeyDemoView::OnChar(UINT nChar, UINT nRepCnt, UINT nFlags)
{
    //TODO: Add your message handler code here and/or call default
    if(nChar < 32)                             //不处理 ASCII 码小于 32 的字符
    {
        ::MessageBeep(MB_OK);
        return;
    }
    CClientDC ClientDc(this);                  //获得视图窗口客户区的设备环境
    CKeyDemoDoc * pDoc = GetDocument();
    pDoc -> m_text += nChar;                   //保存输入的字符
    ClientDc.TextOut(0,0,pDoc -> m_text);      //输出字符
    CView::OnChar(nChar, nRepCnt, nFlags);
}
```

在 OnDraw()函数中添加如下代码:

```
void CKeyDemoView::OnDraw(CDC? pDC)
{
    CKeyDemoDoc? pDoc = GetDocument();
    ASSERT_VALID(pDoc);
    pDC -> TextOut(0,0,pDoc -> m_text);        //文本输出
}
```

11.1.2　插入符号

在文本处理软件中,通常使用闪烁的插入符号来指示插入点。插入符号在应用程序得到输入焦点时出现,在应用程序失去输入焦点时被隐藏。MFC 的 CWnd 类在其成员函数中封装了插入符号的创建、显示、隐藏等功能,方便了插入符号的管理。

CWnd 类的成员函数 CreateSolidCaret()创建实心矩形插入符,函数原型定义如下:

```
void CreateSolidCaret( int nWidth, int nHeight )
```

其中,参数 nWidth 和 nHeigh 分别指定了插字符号的宽度和高度(逻辑单位)。

CWnd 类的成员函数 SetCaretPos()设置插字符的位置,函数原型定义如下:

```
static void PASCAL SetCaretPos( POINT point )
```

其中,参数 point 指定了插字符的新的 x 和 y 坐标。

例 11-2　以 KeyDemo 应用程序为基础,加入插入符号功能。

(1) 添加数据成员。

在视图类中定义成员变量保存插入符号的位置以及插入符号的高度和宽度。

```
class CKeyDemoView : public CView
{
private:
    POINT m_ptCaretPos;                    //插入符号当前位置
    int m_cyChar,m_cxChar;                 //插入符号的宽度和高度
    ...
}
```

(2) 在视图类的构造函数中初始化插入字符的位置。

```
CKeyDemoView::CKeyDemoView()
{
    m_ptCaretPos.x = m_ptCaretPos.y = 0;
}
```

(3) 在视图类的成员 OnCreate 函数中,添加如下代码:

```
int CKeyDemoView::OnCreate(LPCREATESTRUCT lpCreateStruct)
{
if (CView::OnCreate(lpCreateStruct) == -1)
    return -1;
CClientDC ClientDC(this);
TEXTMETRIC TM;
ClientDC.GetTextMetrics(&TM);
m_cxChar = TM.tmAveCharWidth/3;
m_cyChar = TM.tmHeight + TM.tmExternalLeading;
return 0;
}
```

OnCreate()函数在视图窗口首次生成以后并在变为可视之前调用。添加的代码用于计算插入字符的大小。其中,TEXTMETRIC 为 Windows 定义的数据结构,包含了有关物理字体的基本信息。tmAveCharWidth 为字符的平均宽度,tmHeight 字符的高度,tmExternalLeading 为行间距。

(4) 使用 ClassWizard 向导,在视图类中添加消息 WM_SETFOCUS(窗口获得输入焦点)的处理函数 OnSetFocus()。在函数中添加如下代码:

```
void CKeyDemoView::OnSetFocus(CWnd * pOldWnd)
{
    CView::OnSetFocus(pOldWnd);
    CreateSolidCaret (m_cxChar,m_cyChar);      //创建插入符号
    SetCaretPos (m_ptCaretPos);                //设置插入符号位置
    ShowCaret ();                              //显示插入符号

}
```

（5）使用 ClassWizard 向导，在视图类中添加消息 WM_KILLFOCUS（窗口获得输入焦点）的处理函数 OnSetFocus()。在函数中添加如下代码：

```
void CKeyDemoView::OnKillFocus(CWnd * pNewWnd)
{
    CView::OnKillFocus(pNewWnd);
    ::DestroyCaret ();                          //清除插入符号
}
```

（6）在原有的字符消息处理函数中添加如下代码：

```
void CKeyDemoView::OnChar(UINT nChar, UINT nRepCnt, UINT nFlags)
{
    //TODO: Add your message handler code here and/or call default
    if(nChar < 32)
    {
        ::MessageBeep(MB_OK);
        return;
    }
    CClientDC ClientDC(this);
    CKeyDemoDoc * pDoc = GetDocument();
    pDoc -> m_text += nChar;
    HideCaret();                                //隐藏插入符号
    ClientDC. TextOut(0, 0, pDoc -> m_text);
    //插入新字符后计算字符串长度
    CSize Size = ClientDC.GetTextExtent(pDoc -> m_text, pDoc -> m_text.GetLength());
    m_ptCaretPos. x = Size.cx;                  //设置插入符号 x 坐标
    SetCaretPos(m_ptCaretPos);                  //设置插入符号新位置
    ShowCaret();                                //重新显示插入符号
    CView::OnChar(nChar, nRepCnt, nFlags);
}
```

在代码中，CSize 是对 Windows 数据结构 Size 的封装，数据成员 cx 和 cy 分别表示宽度和高度。CClientDC 类的成员函数 GetTextExtent() 用于计算使用当前字体的文本的高度与宽度，一种格式的函数原型如下：

```
CSize GetTextExtent(LPCTSTR lpszString, int nCount) const
```

其中，参数 lpszString 为字符串指针，可以为该参数传递 CString 对象。参数 nCount 为字符串中的字符数，代码中使用 CString 类的成员函数 GetLength 取得字符串的字符个数。

11.2　鼠标消息

鼠标是一个带有多个按钮的点式设备。Windows 支持单键、双键或者三键鼠标，也可以使用摇杆或者光笔来仿真单键鼠标。

11.2.1　使用鼠标绘图

当用户移动鼠标或释放鼠标按键时,将产生鼠标消息。

1. 鼠标消息

鼠标消息可以分成两类:客户区鼠标消息和非客户区鼠标消息。非客户区包括窗口的边界、标题栏、菜单、滚动条、最大化/最小化按钮。非客户区鼠标消息指的是鼠标在这些区域的操作而产生的消息,这种消息一般由系统处理。应用程序主要处理鼠标在客户区的操作而产生的消息。

当鼠标在窗口的客户区移动时,产生 WM_MOUSEMOVE 消息。当在窗口的客户区按下、释放或双击鼠标按键时,产生的客户区鼠标消息如表 11-2 所示。

表 11-2　客户区鼠标消息

按　　键	按　　下	释　　放	双　　击
左	WM_LBUTTONDOWN	WM_LBUTTONUP	WM_LBUTTONDBCLICK
中	WM_MBUTTONDOWN	WM_MBUTTONUP	WM_MBUTTONDBCLICK
右	WM_RBUTTONDOWN	WM_RBUTTONUP	WM_RBUTTONDBCLICK

2. MFC 中的鼠标处理

ClassWizard 向导为鼠标消息 WM_LBUTTONDOWN、WM_MOUSEMOVE 和 WM_LBUTTONUP 添加的处理函数定义如下:

```
void OnLButtonDown( UINT nFlags,CPoint point )
void OnMouseMove( UINT nFlags,CPoint point )
void OnLButtonUp( UINT nFlags,CPoint point )
```

其中,nFlags 参数返回虚拟码,代表产生鼠标事件时鼠标键按键和几个特殊键盘键(Alt、Shift 和 Ctrl 键)的状态。键是否按下由 nFlags 参数的特定位表示。point 参数指出光标的当前位置,以客户区的左上角为原点,沿 X 轴向下增加,沿 Y 轴向下增加。

例 11-3　示例鼠标操作程序。创建项目名为 MouseDemo 的单文档应用程序。MouseDemo 程序利用鼠标画直线,按下鼠标左键开始画线,拖动鼠标到适当位置,释放鼠标左键,将从鼠标按下位置到放开位置画线。

鼠标消息属于 Windows 消息,在视图窗口处理。利用 ClassWizard 向导将 OnLButtonDown()、OnMouseMove()和 OnLButtonUp()处理函数加入视图类 CMouseDemoView 中。

打开 MouseDemoView.h,添加如下数据成员:

```
class CMouseDemoView:public CView
{
protected:
    int m_dragging;                     //鼠标左键是否按下
    CPoint m_pointold;                  //鼠标拖动时的坐标
    CPoint m_pointorg;                  //鼠标左键按下时的坐标
```

```
    //...
}
```

打开 CMouseDemoView. cpp，在构造函数中初始化 m_dragging 为 0。为鼠标消息处理
函数添加如下代码：

```
void CMouseDemoView::OnMouseMove(UINT nFlags,CPoint point)
{
    //TODO: Add your message handler code here and/or call default
    if(m_dragging)                                   //如果鼠标左键按下
    {

        CClientDC ClientDC(this);
        //擦除原来所绘直线
        ClientDC.SetROP2(R2_NOT);
        ClientDC.MoveTo(m_pointorg);
        ClientDC.LineTo(m_pointold);
        //重新绘制由鼠标键按下位置到鼠标当前位置的直线
        ClientDC.MoveTo(m_pointorg);
        ClientDC.LineTo(point);
        //保存鼠标当前位置
        m_pointold = point;
    }
    CView::OnMouseMove(nFlags, point);
}
void CMouseDemoView::OnLButtonDown(UINT nFlags,CPoint point)
{
    //TODO: Add your message handler code here and/or call default
    //记下鼠标当前位置
    m_pointold = point;
    m_pointorg = point;
    //鼠标键按下
    m_dragging = 1;
    CView::OnLButtonDown(nFlags, point);
}
void CMouseDemoView::OnLButtonUp(UINT nFlags,CPoint point)
{
    //TODO: Add your message handler code here and/or call default
    if(m_dragging)
    {
        CClientDC ClientDC(this);
        //擦除原来所绘直线
        ClientDC.SetROP2(R2_NOT);
        ClientDC.MoveTo(m_pointorg);
        ClientDC.LineTo(m_pointold);
        //重新绘制到鼠标当前位置的直线
        ClientDC.MoveTo(m_pointorg);
        ClientDC.LineTo(point);
        m_dragging = 0;                              //初始化
    }
    CView::OnLButtonUp(nFlags, point);
}
```

11.2.2 光标的改变

应用程序中常常会根据不同的情况改变鼠标指针的形状（光标），例如，在很多
Windows 应用程序中使用十字形的光标。箭头和十字形光标是 Windows 提供的若干预定
义的光标中的两种，如果这些预定义光标不符合要求，程序员还可以使用自定义的光标。

MFC 中有多种方法改变光标，其中一种方法是重载 PreCreateWindow（）函数注册自己
的要改变鼠标指针的窗口类。这个方法对于要始终使用一个鼠标光标的应用程序很适合。
PreCreateWindow（）函数在 CWnd 类层次上声明，用于在窗口显示之前改变窗口属性。该
函数有一个 CREATESTRUCT 结构作为参数，定义了窗口的初始参数，其成员 lpszClass
对于改变窗口的背景刷子、光标和图标等很有用。

AppWizard 在生成的应用程序中的视图类和框架窗口类中重载该函数，但在框架窗口
类改变刷子和光标没有意义，因为它的客户区域被视图窗口覆盖，所以可以在视图类中重载
该函数以完成光标的改变。

例 11-4 将鼠标操作程序 11-3 的光标改为十字形。

（1）利用 ClassWizard 向导，在视图类中添加 PreCreateWindow（）函数，如图 11-4
所示。

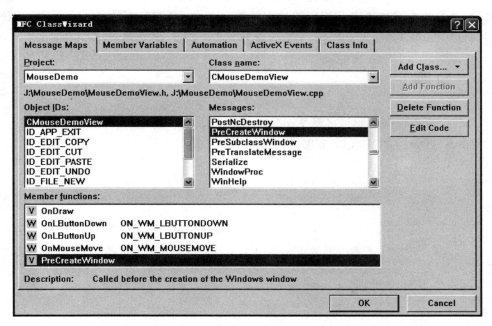

图 11-4 添加 PreCreateWindow（）函数

（2）在 PreCreateWindow（）函数中，添加如下代码：

```
BOOL CMouseDemoView::PreCreateWindow(CREATESTRUCT& cs)
{
    cs.lpszClass = AfxRegisterWndClass(
    CS_DBLCLKS|CS_HREDRAW|CS_VREDRAW,           //指定窗口类风格
    AfxGetApp()->LoadStandardCursor(IDC_CROSS), //指定窗口类光标
```

```
        (HBRUSH) (COLOR_WINDOW + 1));                    //指定窗口类背景刷子

        return CView::PreCreateWindow(cs);
}
```

在代码中,AfxRegisterWndClass()函数用于注册一个新的窗口类,函数原型如下:

```
LPCTSTR AFXAPI AfxRegisterWndClass( UINT nClassStyle, HCURSOR hCursor = 0,
HBRUSH hbrBackground = 0, HICON hIcon = 0 );
```

其中,函数的第一个参数是窗口类风格,CS_DBLCLKS、CS_HREDRAW 等是 Windows 定义的风格常量,CS_DBLCLKS 常量指示窗口支持鼠标双击,CS_HREDRAW 常量指示窗口在移动和大小改变时,删除客户区的内容。第二个参数是光标句柄,代表窗口所使用的光标。LoadStandardCursor()函数用于载入标准光标,IDC_CROSS 代表标准插入光标。第三个参数是刷子句柄,代表窗口使用的刷子。

11.3　本章小结

本章分别介绍了键盘消息和鼠标消息。在此基础上,利用 ClassWizard 向导,为字符消息和鼠标消息建立消息映射及相应的处理函数。在自动生成的应用程序中添加相应的代码,实现应用程序的功能。

11.4　习题

1. MFC 应用程序是如何实现 Windows 消息机制的? 请详细解释。
2. 在 KeyDemo 的基础上,实现 Backspace 键的功能。

第12章 资源编程

Windows 环境下的菜单、工具栏、状态栏、对话框、光标、位图等都是资源。资源即数据，包含在应用程序的.exe 文件中。当 Windows 把程序装入内存执行的时候，它通常将资源留在磁盘上。只有当 Windows 需要某一资源时，它才将资源装入内存。资源在资源描述文件中定义。资源描述文件是以.rc 为扩展名的 ASCII 码文件。资源描述文件可以包含用 ASCII 码表示的资源，也可以引用其他资源描述文件（ASCII 或二进制文件）。Visual C++ 为所有类型的资源都提供了资源编辑器进行可视化的编辑，如菜单编辑器、工具栏编辑器、对话框编辑器等。

12.1 菜单

菜单（menu）以可视的方式提供了对应用程序功能的选择，是用户与应用程序之间进行交互的主要方式之一。

12.1.1 菜单简介

菜单主要有弹出式和下拉式两种。弹出式菜单可以出现在屏幕的任何位置，是为了响应鼠标右键按键而激活的菜单。下拉式菜单可以看成由一个顶层菜单和弹出式菜单装配而成。当选择顶层菜单项时，下拉出一个子菜单，子菜单中是具体的菜单项。在子菜单项中选择时，还可以再下拉出另一个子菜单，形成级联菜单。

菜单项具备三个关键域：标识符（ID）、标题（caption）和提示（prompt）。标识符是一个数字常量，它唯一地标识菜单项。标题是实际显示在菜单上的文本，当用户查看一个菜单项时，查看的是标题。提示是在用户浏览某个菜单项时，希望显示在窗口底端状态栏中的任何文本。

选择菜单所产生的消息属于命令消息（command message）。利用 MFC 中的消息传递机制，应用程序可以选择最合适的对象处理菜单消息。例如，如果菜单中有 Save 项，用户选择该项可以保存对象中的数据。这时，由文档对象处理这条消息，因为该操作与数据有关，而与用户如何看到的数据无关；另外，如果菜单中有 Copy 项，用户选择该命令复制已选中的数据，这时由视图对象处理这条消息。

12.1.2 菜单的建立和实现

许多菜单项的首字母都带有下画线。实际上这些字母分别表示一个快捷键（shortcutkey）。当打开一个带有快捷键的菜单时，只需按下 Alt 键和快捷键就可以选择某个特定的菜单。

许多 Windows 应用程序还使用了加速键。所谓加速键，就是用户通过按一组组合键的方式执行一个菜单命令而不用打开菜单。在程序运行时，加速键与快捷键的作用是不同的，快捷键只打开菜单而不执行菜单命令，加速键不打开菜单但是却能执行菜单命令（如利用 Ctrl＋V 执行复制功能）。另外，由于父菜单一般只负责打开菜单而没有具体的命令，所以父菜单不能使用加速键。

菜单资源位于一个资源脚本文件中，其中还包含有应用程序的其他资源。打开 Project View 底端的 Resource View 选项卡，双击项目名，应用程序所有的资源以树状的形式显示在资源面板中。双击 Menu 结点，将列出所有菜单的标识符，双击标识符，就打开了菜单编辑器。AppWizard 向导为单文档和多文档应用程序创建了预定义的菜单，其标识符是 IDR_MAINFRAME（和文档模板中的资源标识符一样）。MFC 为部分预定义菜单提供了默认处理，如“文件”菜单下的“新建”菜单项。菜单编辑器中的 MenuDemo 菜单如图 12-1 所示。

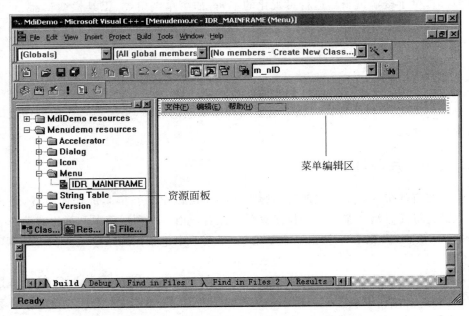

图 12-1 菜单编辑器中的 MenuDemo 菜单

如果要加入自定义菜单，则选择 Visual C++的 Insert 菜单中的 Resource 菜单项，出现的 Insert Resource 对话框如图 12-2 所示。在该对话框中，选择 Menu 资源类型并单击 New 按钮，生成新的菜单。

为程序加入菜单的操作分为以下几步。

（1）通过菜单编辑器生成菜单界面。

（2）建立菜单项和消息处理函数的映射。

（3）在处理函数中添加菜单项功能代码。

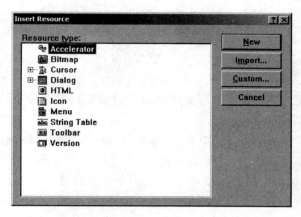

图 12-2　Insert Resource 对话框

例 12-1 示例添加菜单界面的程序。MenuDemo 程序是 11.2 节鼠标绘图程序的改进,通过修改向导生成的预定义菜单,增加图形选择菜单。

(1) 设计菜单界面。

打开菜单资源编辑器,为 MenuDemo 建立如图 12-3 所示的菜单,菜单属性按表 12-1 设置。操作步骤如下。

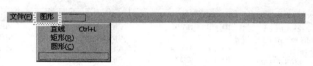

图 12-3　生成的菜单

表 12-1　图形菜单属性设置

ID	Caption	ID	Caption
	图形	ID_RECTANGLE	矩形(&R)
ID_LINE	直线\tCtrl+L	ID_CIRCLE	圆形(&C)

① 打开 Project View 底端的 Resource View 选项卡,打开菜单编辑器,修改标识符为 IDR_MAINFRAME 的菜单。删除菜单中的"查看"和"帮助"菜单项,删除"文件"菜单中的所有菜单项,只留下"退出"项。选中菜单项,按 Delete 键即可删除菜单项。

② 双击菜单栏右端的空白框,打开菜单属性对话框 Menu Item Properties,如图 12-4 所示。Menu Item Properties 对话框用于定义菜单的属性,其中最重要的是 ID 和 Caption 属性。ID 设定菜单项的标识符,Caption 设定菜单项的显示文本。

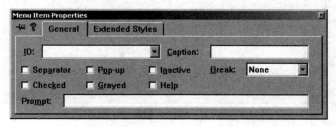

图 12-4　Menu Item Properties 对话框

③ 在 Menu Item Properties 对话框的 Caption 框中输入"图形"。顶级菜单项无须指定 ID，所以 ID 框显示为灰色。按 Enter 键完成"图形"菜单项定义。

④ 双击"图形"标题下的空白框，重新打开 Menu Item Properties 对话框。

⑤ 在 ID 框中输入 ID_LINE，在 Caption 框中输入"直线\tCtrl＋L"。Ctrl＋L 是加速键提示信息，在菜单定义完后，将利用加速键编辑器为"直线"菜单项增加加速键功能。按 Enter 键完成"直线"菜单项定义。

⑥ 重复第④～⑤步的操作，在"图形"菜单下依次加入"矩形"和"圆形"菜单项，ID 分别为 ID_RECTANGLE 和 ID_CIRCLE，Caption 分别为"矩形（&R）"和"圆形（&C）"。& 后加一个字母用于定义该菜单项的快捷键，&C 表示菜单快捷键是 C 键。

菜单定义完毕后，利用加速键编辑器，按如下步骤为"直线"菜单项增加加速键功能。

① 双击资源树中的 Accelerator 结点，双击 Accelerator 结点下的 IDR_MAINFRAME 标识符，打开加速键编辑器，如图 12-5 所示。

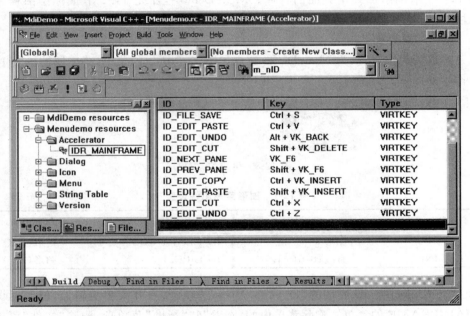

图 12-5　加速键编辑器

② 在加速键编辑器中，可以看到系统已经定义的加速键，双击最下面的空白框，弹出加速键属性 Accel Properties 对话框，如图 12-6 所示。

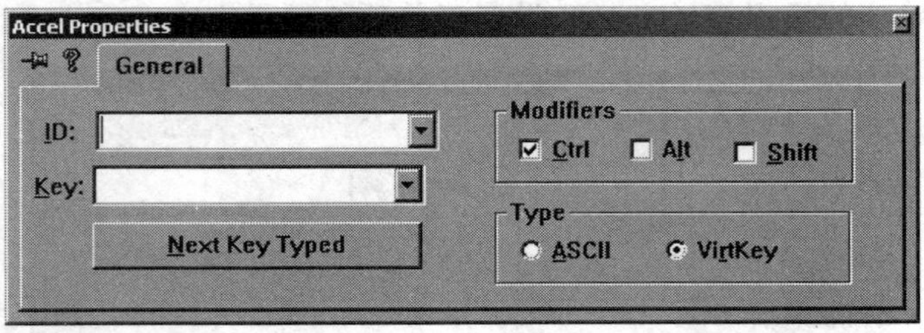

图 12-6　Accel Properties 对话框

③ 在 Accel Properties 对话框中，ID 文本框指定菜单项的标识符，Key 文本框指定加速键按键，Modifiers 选项区域指定组合键。在 ID 文本框中输入 ID_LINE，在 Key 文本框中输入 L，在 Modifiers 选项区域选择 Alt，完成加速键的定义。

（2）建立菜单项的消息处理函数。

定义菜单的第二步是通过 ClassWizard 向导建立菜单项的消息处理函数。菜单消息属于命令消息，MFC 将命令消息传递到各个对象，可以从中选择一个合适的对象来处理菜单消息。MenuDemo 中的菜单用于选择作图图形，在视图类中处理比较合适。步骤如下。

① 打开 MFC ClassWizard 对话框，打开 Message Maps 选项卡。

② 在 Project 中选择 CMenuDemo 项，在 Class name 中选择 CMenuDemoView 类。在 Object IDs 中列出了所有菜单项的 ID。

③ 在 ObjectIDs 中选择 ID_LINE 项，在 Messages 中列出该菜单项能产生的消息。在 Messages 中选择 COMMAND 项。单击 Add Function 按钮，接受默认的函数名，向导将 OnLine()处理函数添加到视图类中。

④ 依次给标识符为 ID_RECTANGLE 和 ID_CIRCLE 的菜单项添加消息处理函数。

（3）添加菜单项功能代码。

定义菜单的第三步是菜单项的功能实现，在各菜单消息处理函数中添加如下代码：

```
void CMenuDemoView::OnLine()
{
    //TODO: Add your command handler code here
    m_shape = 1;                 //直线
}
void CMenuDemoView::OnRectangle()
{
    //TODO: Add your command handler code here
    m_shape = 2;                 //矩形
}
void CMenuDemoView::OnCircle()
{
    //TODO: Add your command handler code here
    m_shape = 3;                 //圆形
}
```

说明：程序中 m_shape 的定义在后面。

菜单已经定义完毕。最后，为程序完善作图功能。

在视图类中增加数据成员 m_dragging、m_shape、m_pointold 和 m_pointorg，并在构造函数中初始化，代码如下：

```
class CMenuDemoView:public CView
{
protected:
    int m_dragging;
    int m_shape;                 //用于保存用户所作的选择:1代表直线,2代表矩形,3代表圆形
    CPoint m_pointold,m_pointorg;
    //…
}
```

初始化数据成员

```
CMenuDemoView::CMenuDemoView()
{
    //TODO: add construction code here
    m_dragging = 0;
    m_shape = 1;
}
```

在视图类中添加鼠标消息 WM_LBUTTONDOWN、WM_LBUTTONUP 和 WM_MOUSE-MOVE 的处理函数，代码如下：

```
void CMenuDemoView::OnLButtonDown(UINT nFlags,CPoint point)
{
    //TODO: Add your message handler code here and/or call default
    m_dragging = 1;
    m_pointorg = point;
    m_pointold = point;
    CView::OnLButtonDown(nFlags,point);
}


void CMenuDemoView::OnLButtonUp(UINT nFlags,CPoint point)
{
    //TODO: Add your message handler code here and/or call default
    m_dragging = 0;
    CClientDC dc(this);
    dc.SetROP2(R2_NOT);
    dc.MoveTo(m_pointorg);
    switch(m_shape)
    {
    case 1:                     //如果用户选择画直线
        dc.LineTo(m_pointold);
        dc.MoveTo(m_pointorg);
        dc.LineTo(point);
        break;
    case 2:                     //如果用户选择画矩形
        dc.SelectStockObject(NULL_BRUSH);
        dc.Rectangle(m_pointorg.x,m_pointorg.y,m_pointold.x,m_pointold.y);
        dc.MoveTo(m_pointorg);
        dc.Rectangle(m_pointorg.x,m_pointorg.y,point.x,point.y);
    break;
    case 3:                     //如果用户选择画圆
        dc.SelectStockObject(NULL_BRUSH);
        dc.Ellipse(m_pointorg.x,m_pointorg.y,m_pointold.x,m_pointold.y);
        dc.MoveTo(m_pointorg);
        dc.Ellipse(m_pointorg.x,m_pointorg.y,point.x,point.y);
        break;
    }
    CView::OnLButtonUp(nFlags, point);
}
void CMenuDemoView::OnMouseMove(UINT nFlags, CPoint point)
{
```

```
//TODO: Add your message handler code here and/or call default
if(m_dragging)
{
    CClientDC dc(this);
    dc.SetROP2(R2_NOT);
    dc.MoveTo(m_pointorg);
    switch(m_shape)
    {
    case 1:                    //如果用户选择画直线
        dc.LineTo(m_pointold);
        dc.MoveTo(m_pointorg);
        dc.LineTo(point);
        break;
    case 2:                    //如果用户选择画矩形
        dc.SelectStockObject(NULL_BRUSH);
    dc.Rectangle(m_pointorg.x,m_pointorg.y,m_pointold.x,m_pointold.y);
        dc.MoveTo(m_pointorg);
        dc.Rectangle(m_pointorg.x,m_pointorg.y,point.x,point.y);
        break;
    case 3:                    //如果用户选择画圆
        dc.SelectStockObject(NULL_BRUSH);
    dc.Ellipse(m_pointorg.x,m_pointorg.y,m_pointold.x,m_pointold.y);
        dc.MoveTo(m_pointorg);
        dc.Ellipse(m_pointorg.x,m_pointorg.y,point.x,point.y);
        break;
    }
    m_pointold = point;
}
CView::OnMouseMove(nFlags, point);
}
```

说明：绘图函数 Rectangle()用于绘制矩形,绘图函数 Ellipse()用于绘制椭圆。在画矩形和圆形前,使用 CDC 类的成员函数 SelectStockObject()将空画刷(NULL_BRUSH)选入设备环境。当使用空画刷作图时,将不填充封闭体图形的内部。

12.2 工具栏和状态栏

工具栏和状态栏是 Windows 应用程序中常见的用户界面。工具栏是一组提供快捷操作的工具,常用的命令通常放在工具栏中,方便操作。而状态栏则用于显示目前程序的执行状态和说明。例如,当选取某工具或菜单项时,将会在状态栏中显示说明文字。

12.2.1 工具栏的实现

工具栏包含一系列的位图按钮,在通常情况下,单击按钮等价于从菜单中选择相应的菜单项。工具栏可以停靠在父窗口的顶部,也可以停靠在父窗口的任何靠边的位置,或者脱离父窗口,移动到自己的框架窗口内。停靠工具栏(docking toolbars)指的是和父窗口相连的工具栏。与之相对应的就是浮动工具栏(floating toolbars)。

MFC AppWizard-Step 4 of 6 对话框中提供了 Docking toolbar 选项,将创建的应用程序加入预定义的工具栏。MFC 的 CToolBar 类封装了工具栏的功能,AppWizard 向导在创建的应用程序的主框架窗口类 CMainFrame 中添加一个 CToolBar 类的数据成员 m_wndToolBar,并在主框架窗口类 CMainFrame 的成员函数 OnCreate()中创建工具栏。

AppWizard 向导生成的代码还提供下列支持:使主框架窗口能够接受工具栏的停靠,使工具栏具有停靠的功能,将工具栏停靠在主框架窗口以及支持工具条的浮动。实际应用中,要根据应用程序的特定要求,通过工具栏编辑器,修改预定义的工具栏或生成新的工具栏,建立每个工具栏按钮命令的消息处理函数,实现特定的处理。通常情况下,工具栏中的按钮对应于菜单中的选项,所以,在定义工具栏的按钮时,也会定义相应的菜单项。

例 12-2 示例添加工具栏的程序。新建项目 ToolbarDemo,ToolbarDemo 在 MenuDemo 的基础上,为图形菜单增加相应的工具栏操作。MFC AppWizard-Step 4 of 6 对话框中选择 Docking toolbar 选项,为 ToolbarDemo 添加工具栏。在生成的 ToolbarDemo 程序中,创建和 MenuDemo 相同的菜单。

打开 Project View 底端的 Resource View 选项卡,双击项目名 ToolbarDemo。在资源树中,双击 Toolbar 结点,可以看见向导创建的默认工具栏标识符为 IDR_MAINFRAME。双击 IDR_MAINFRAME 标识符,打开工具栏编辑器,如图 12-7 所示。如果要创建自定义的工具栏,则选择 Visual C++ 的 Insert 菜单中的 Resource 选项,在 Insert Resource 对话框中选择 Toolbar,单击 New 按钮,生成自定义工具栏并打开工具栏编辑器。

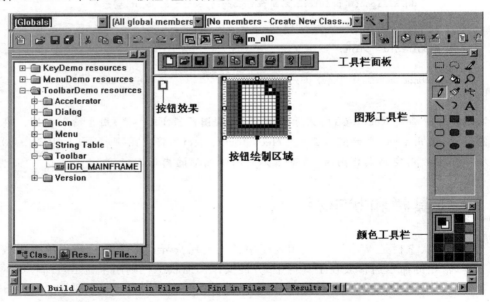

图 12-7 工具栏编辑器

ToolbarDemo 程序的图形菜单有直线、矩形和圆形三种。相应地,在工具栏中需要建立这三种按钮。具体操作步骤如下。

(1) 打开工具栏编辑器,修改 AppWizard 向导生成的预定义工具栏。在工具栏面板中删除向导生成的默认按钮,只留下一个空白按钮。用鼠标将按钮拖出工具栏面板就删除了按钮。

(2) 创建直线按钮。选择图形工具栏中的直线,在按钮绘制区域从左上角到右下角画直线。完成后，双击生成的直线按钮，弹出 Toolbar Button Properties 对话框。Toolbar Button Properties 对话框用于设置按钮的 ID（标识符）以及 Prompt（提示信息）。在 ID 框中输入 ID_LINE，完成直线按钮的定义。

（3）编辑完第一个按钮的内容，在它右边会出现一个新的空白按钮。单击这个空白按钮，继续编辑下一个按钮。

（4）创建矩形按钮。选择图形工具条中的矩形，在空白按钮中绘出一个矩形。按钮的 ID 取值为 ID_RECTANGLE。

（5）按以上步骤，再添加一个圆形按钮，ID 取值为 ID_CIRCLE。完成工具栏的设计。

工具栏界面设计完成后，下一步是按钮消息处理设计。工具栏按钮产生的消息和菜单消息都属于命令消息。在 ToolbarDemo 中，按钮和对应的菜单项有相同的标识符，因此，菜单和按钮消息只需定义一个消息处理函数。

打开 ClassWizard 向导对话框，在 Class name 中选择 CToolbarDemoView，为菜单消息 ID_LINE、ID_RECTANGLE 和 ID_CIRCLE 添加消息处理函数。添加 WM_LBUTTONDOWN、WM_LBUTTONUP 和 WM_LBUTTONMOVE 的消息处理函数。

将 MenuDemo 中的鼠标消息处理函数代码、菜单消息处理函数代码以及数据成员复制到 ToolbarDemo 中。编译运行 ToolbarDemo，可以看到工具条已可以使用。

在一般的应用程序中，被选中的按钮和菜单会显示特殊的选中标志，如在菜单项后打√。在定义菜单消息处理函数时，ClassWizard 向导对话框的 Message 框中有两个选项：COMMAND 和 UPDATE_COMMAND_UI。通过对 UPDATE_COMMAND_UI 消息的响应，为菜单或按钮设定选中状态。

通过 ClassWizard 向导，给标识符为 ID_LINE、ID_RECTANGLE 和 ID_CIRCLE 的按钮分别添加 UPDATE_COMMAND_UI 消息处理函数，接受向导的默认函数名。

UPDATE_COMMAND_UI 消息处理函数的参数是一个指向 CCmdUI 类的指针，CCmdUI 类代表菜单项、按钮、状态栏等用户接口对象。在 OnUpdateLine() 中添加如下代码：

```
void CToolbarDemoView::OnUpdateLine(CCmdUI? pCmdUI)
{
    //TODO: Add your command update UI handler code here
    //使用 CCmdUI 的 SetCheck()方法设置菜单和按钮的选中状态
    pCmdUI -> SetCheck(m_shape == 1?1:0);            //如果选择直线
}
```

其余按钮的 UPDATE_COMMAND_UI 消息处理函数和 OnUpdateLine() 函数工作原理一样。运行项目 ToolbarDemo，菜单和工具栏按钮都能显示选中标志。

工具栏中的按钮也可以不和菜单中的选项相关联，相应地，为按钮定义区别于菜单项的标识符，为每个按钮添加自己的消息处理函数。

12.2.2　状态栏的实现

状态栏一般都停靠在主框架窗口的底部，包含多个面板，用作文本输出或指示器，而且也无须改变其位置。如果在 MFC AppWizard-Step 4 of 6 对话框中选择了 Initial status bar 选项，那么 AppWizard 向导生成的应用程序就拥有一个默认的状态栏。

MFC 的 CStatusBar 类封装了状态栏的功能。AppWizard 向导在主框架窗口类 CMainFrame 中定义了一个 CStatusBar 类的数据成员 m_wndStatusBar。在 MainFram. cpp 中定义了状态栏指示器标识符数组 IndicatorIDs。在主框架窗口类的成员函数 OnCreate()中创建状态栏。设计状态栏的任务是定义提示信息、建立特定状态和提示信息的联系。

例 12-3 示例添加状态栏的程序。新建项目 StatusbarDemo,其程序在状态栏中添加两个新的指示器用来显示鼠标在窗口中的 X 和 Y 坐标。创建过程中,在 MFC AppWizard-Step 4 of 6 对话框中选择 Initial status bar 选项,为程序加上状态栏。

（1）添加新的指示器。

首先为添加的指示器定义标识符。选择 View 菜单下的 Resource Symbols 菜单项,打开 Resource Symbols 对话框。在对话框中单击 New 按钮,出现 New Symbol 对话框,如图 12-8 所示。在 Name 框中指定标识符,在 Value 框中指定标识符的数值。

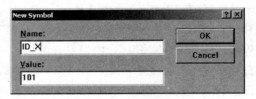

图 12-8　New Symbol 对话框

在 Name 框中输入 ID_X,接受默认的 Value 值,单击 OK 按钮,完成 X 坐标指示器标识符的定义。按同样的方法建立 Y 坐标指示器标识符 ID_Y。在新建标识符时,可以自己指定标识符的数值,但自己指定标识符的数值时要避免重复。

定义完指示器的标识符后,接下来为指示器指定默认的字符串资源。如果不指定字符串资源,编译的时候将可能会出错。具体操作如下。

① 打开 Resource View 选项卡,双击项目名 StatusbarDemo,在列出的资源中双击 String Table,打开字符串资源编辑器,如图 12-9 所示。

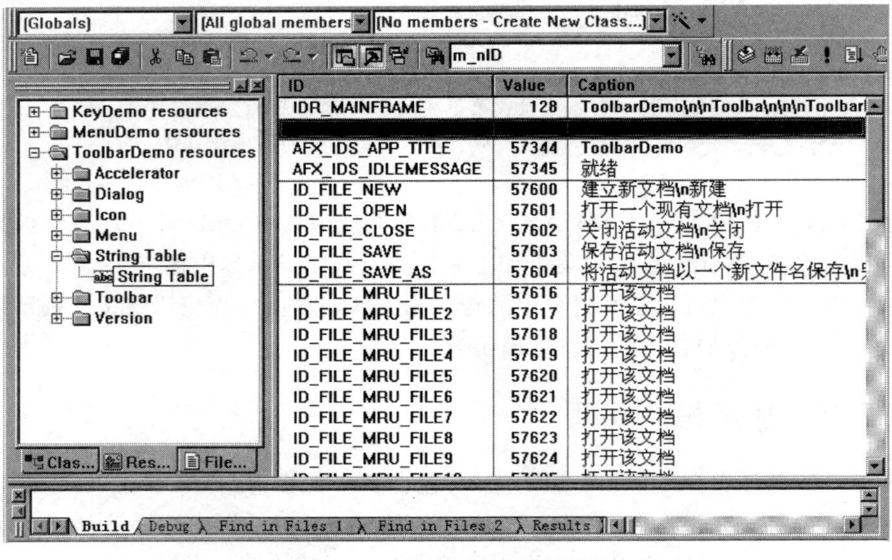

图 12-9　字符串资源编辑器

② 双击字符串资源编辑器中最后的空白行，打开 String Properties 对话框，如图 12-10 所示，在 ID 框中输入 ID_X，在 Caption 框中输入"X 坐标："。

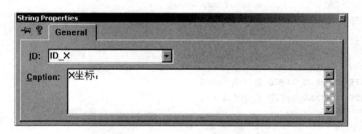

图 12-10 String Properties 对话框

③ 按同样的方法为标识符 ID_Y 指定标题为"Y 坐标"。

（2）在指示器标识符数组中添加标识符。

将新的指示器的标识符添加到状态栏指示器标识符数组中，该数组存在于 MainFrm.cpp 文件的开始部分。对数组 indicators[] 的元素进行手工修改，修改后的 indicators[] 数组如下：

```
static UINT indicators[] =
{
    ID_SEPARATOR,                                   //status line indicator
    ID_INDICATOR_CAPS,
    ID_INDICATOR_NUM,
    ID_INDICATOR_SCRL,
    //添加新生成的标识符
    ID_X,
    ID_Y,
};
```

（3）添加消息处理函数。

对于鼠标的移动，选择由视图类处理。在 StatusbarDemoView.h 中增加 CPoint 类型数据成员 m_pos，保存鼠标的位置，并在构造函数中初始化为 0。新增加的指示器消息处理函数只能通过手工增加。

在 StatusbarDemoView.h 中手工增加函数原型定义和消息映射宏：

```
//Generated message map functions
protected:
    //{{AFX_MSG(CStatusbarDemoView)
    afx_msg void OnMouseMove(UINT nFlags, CPoint point);
    //以下两行手动增加
    afx_msg void OnUpdateX(CCmdUI * pCmdUI);
    afx_msg void OnUpdateY(CCmdUI * pCmdUI);
    //}}AFX_MSG
    DECLARE_MESSAGE_MAP()
};
```

在 StatusbarDemoView.cpp 中加入对应的消息映射宏和函数实现：

```
//…
//CStatusbarDemoView
IMPLEMENT_DYNCREATE(CStatusbarDemoView,CView)
BEGIN_MESSAGE_MAP(CStatusbarDemoView,CView)
    //{{AFX_MSG_MAP(CStatusbarDemoView)
    ON_WM_MOUSEMOVE()
    //以下两行手动增加
    ON_UPDATE_COMMAND_UI(ID_X,OnUpdateX)
    ON_UPDATE_COMMAND_UI(ID_Y,OnUpdateY)
    //}}AFX_MSG_MAP
END_MESSAGE_MAP()
//…

void CStatusbarDemoView::OnUpdateX(CCmdUI? pCmdUI)
{
    CString prompt;
    pCmdUI->Enable();
    prompt.Format("X: % d",m_pos.x);
    pCmdUI->SetText(prompt);
}
void CStatusbarDemoView::OnUpdateY(CCmdUI? pCmdUI)
{
    CString prompt;
    pCmdUI->Enable();
    prompt.Format("Y: % d",m_pos.y);
    pCmdUI->SetText(prompt);
}
```

CString 类的 Format() 函数用于保存格式化数据，参数的使用和 C 语言中的 printf() 函数类似。最后，在视图类中添加鼠标移动消息处理函数。

```
void CStatusbarDemoView::OnMouseMove(UINT nFlags,CPoint point)
{
    //TODO: Add your message handler code here and/or call default
    m_pos = point;
    CView::OnMouseMove(nFlags,point);
}
```

运行项目，新增加的两个指示器已能正确工作。在这里介绍的只是状态栏的基本功能，Visual C++增加了许多其他功能，可参考相应的联机文档。

12.3　对话框和控件

对话框用于显示消息和取得用户数据，是 Windows 应用程序中最常用的用户界面。对话框作为一个容器，通常包括各种控件，如编辑框、按钮、组合框和列表框等。用户通过在编辑框中输入信息，通过对列表框、单选框等的选择，为应用程序提供必要的数据。例如，当选择 File 菜单中的 Open 菜单项时，在弹出的 Open 对话框中，要求输入文件名、选择保存位置等。

对话框有两种类型：模式对话框和非模式对话框。这两种形式的对话框在打开和关闭方式上存在区别。MFC 的 Dialog 类是对话框类的基类，提供了打开、关闭和管理对话框及对话框中的控件等功能。

12.3.1　控件简介

控件是 Windows 应用程序和用户进行交互的常用手段。在 Visual C++ 中，控件可以分成三类：Windows 标准控件、ActiveX 控件和其他 MFC 控件类。这里仅讲述第一类控件，即 Windows 标准控件。

Windows 标准控件由 Windows 操作系统提供，包括按钮、复选框、列表框和静态文本等。控件一般成组地放置在特殊的窗口中，这种特殊窗口是对话框或表单(form)。这里介绍在对话框中使用控件，本章将介绍以控件为主的应用程序。常用的 Windows 标准控件如表 12-2 所示。

表 12-2　常用的 Windows 标准控件

控　件	描　述
图形控件	显示图标
静态文本控件	常用于为其他控件提供选项卡
编辑框	允许用户的输入，并提供完整的编辑能力
组框	视觉上将控件分组(典型情况下是一系列的单选按钮、复选框)
多格式文本编辑	提供可设置字符和段落格式的文本编辑
按钮	用于立即执行某些命令
复选框	用于选择多个相互独立的选项
单选按钮	用于选择一组相互排斥的选项之一
列表框	用于以列表的形式为用户提供选择(如文件名、字体)
水平滚动条	提供水平滚动功能
垂直滚动条	提供垂直滚动功能
翻动按钮	用于递增、递减数值或移动某个项目

MFC 的控件类封装了 Windows 标准控件及其功能。这些类大部分从 CWnd 派生，少数从其他类派生。表 12-3 列出了常用的 MFC 控件类。

表 12-3　常用的 MFC 控件类

MFC 控件类	管理的控件类型	MFC 控件类	管理的控件类型
CStatic	静态文本	CListBox	列表框
CButton	按钮	CScrollBar	滚动条：垂直和水平
CEdit	编辑框	CSpinButtonCtrl	微调按钮控件

12.3.2　模式对话框

模式对话框(modal dialog)的特点是：对话框始终位于应用程序的最顶层，在对话框被关闭之前，用户不能选择应用程序的其他功能。应用程序的大部分对话框都是模式对话框。

对话框的建立可分为如下几步：对话框界面设计；建立管理对话框的类；定义数据成员；定义消息处理；对话框的显示。

1. 对话框界面设计

对话框是一种资源，Visual C++提供对话框编辑器用于对话框的设计。打开对话框编辑器的方法和打开菜单资源编辑器的方法一样，只是在资源树中选择 Dialog，而不是 Menu。新建对话框的方法和和新建菜单的方法也一样，在 Insert Resource 对话框中，选择 Dialog 资源类型并单击 New 按钮，将生成新的对话框并打开对话框编辑器。对话框编辑器如图 12-11 所示，在对话框编辑器中，除了生成的对话框外，还包括控件工具栏和对话框工具栏。图 12-12 列出了控件工具栏中各个控件的名称，控件的使用将在本章随后介绍。

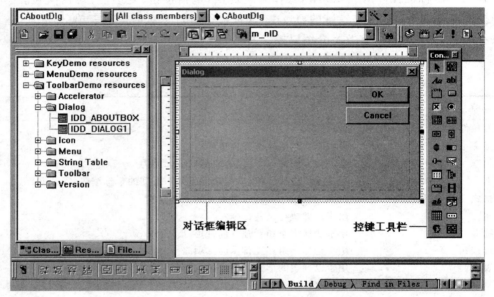

图 12-11   对话框编辑器

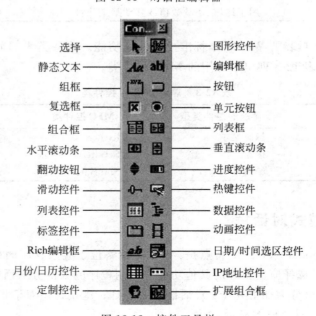

选择		图形控件
静态文本		编辑框
组框		按钮
复选框		单元按钮
组合框		列表框
水平滚动条		垂直滚动条
翻动按钮		进度控件
滑动控件		热键控件
列表控件		数据控件
标签控件		动画控件
Rich编辑框		日期/时间选区控件
月份/日历控件		IP地址控件
定制控件		扩展组合框

图 12-12   控件工具栏

在对话框中添加控件的方法如下：单击控件工具栏中的控件图标以选择控件，然后在对话框中的合适位置拖动鼠标，绘出控件图形。如果要调整对话框中控件的位置和大小，则先选中控件，然后通过鼠标的拖动改变控件的位置和大小。如果要删除控件，只需选中该控件并按 Delete 键即可。

设置对话框属性的方法如下：右击对话框，在弹出的快捷菜单中选择 Properties 菜单项，出现 Dialog Properties 对话框，如图 12-13 所示。在 Dialog Properties 对话框中，打开不同的选项卡，对各种不同的属性进行设置。其中主要的两个属性是 ID 和 Caption。

图 12-13　Dialog Properties 对话框

设置控件属性的操作方法和设置对话框属性的操作方法一样，只不过根据不同的控件，会得到不同的属性对话框。控件属性中最重要的是 ID 属性和 Caption 属性，ID 指定控件的标识符，Caption 设置显示的文本。复选框控件的属性（Check Box Properties）对话框如图 12-14 所示。

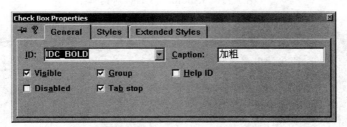

图 12-14　Check Box Properties 对话框

2．建立管理对话框的类

对话框编辑器只创建了对话框的外观，要让对话框工作，必须创建一个基于 CDialog 的类实现对话框的功能。CDialog 类的成员函数提供了管理对话框和对话框中的控件的功能。在表 12-4 和表 12-5 中，列出了对话框类的部分成员函数，其中部分函数是对话框类从窗口类 CWnd 类继承而来。

表 12-4　对话框类的部分成员函数 1

函　　数	用　　途
CheckDlgButton()	选中或取消选中复选框或单选按钮
GetDlgItem()	返回指定控件的指针
GetDlgItemInt()	返回指定控件中文本表示的数值
GetDlgItemText()	取得控件显示的文本
SetDlgItemInt()	将整数转换成为文本并赋予控件
SetDlgItemText()	设置控件显示的文本

表 12-5   对话框类的部分成员函数 2

函　　数	用　　途	函　　数	用　　途
EndDialog()	关闭模式对话框	Create()	打开非模式对话框
DoModal()	打开模式对话框	DestroyWindow()	关闭非模式对话框

　　创建管理对话框类的方法如下：单击对话框编辑器中的对话框窗口，然后选择 View 菜单中的 ClassWizard 向导，或直接双击对话框窗口。如果还没有为这个对话框定义类，则提示用户为这个对话框创建一个新类，如图 12-15 所示。单击 OK 按钮，出现如图 12-16 所示的 New Class 对话框。

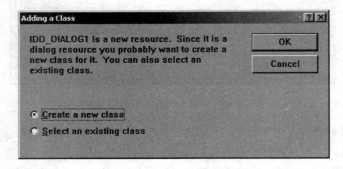

图 12-15　Adding a Class 对话框

图 12-16　New Class 对话框

　　在 New Class 对话框的 Name 框中输入新建对话框类的名字，Base class 和 Dialog ID 这两项不做改动，单击 OK 按钮，完成对话框类的创建。ClassWizard 向导将生成以类名为文件名的.h 和.cpp 文件。.h 文件保存类的定义，.cpp 文件保存类的实现。

3．定义数据成员

MFC 通过数据映射机制（data map）设置控件的初始状态及收集用户通过控件的输入。数据映射将控件和对话框的数据成员绑定在一起，数据成员的值反映了控件的状态或控件的内容。对话框首次打开时，MFC 传递数据成员的值到控件，对话框显示时可以随时调用从窗口类 CWnd 继承的成员函数 UpdateData()强制传递数据成员和控件之间的值。对话框退出时存在两种情况：当单击标识符为 IDOK 的按钮退出时，所有控件的内容传递到对应的数据成员；当单击标识符为 IDCANCEL 的按钮退出时，控件的内容将不传递。

通过 ClassWizard 向导为控件定义数据成员方法如下。

（1）打开 ClassWizard 向导中的 Member Variables 选项卡，如图 12-17 所示。

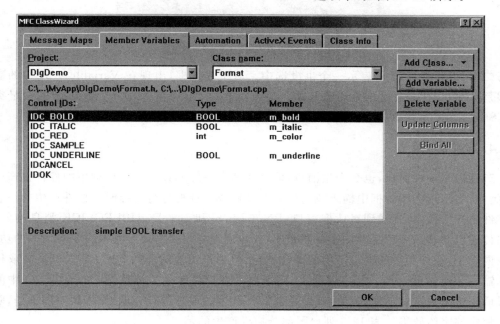

图 12-17　定义数据成员

（2）在 Class name 中选择相应的对话框类，在 Control IDs 中列出该对话框中的所有控件的标识符。单选按钮一般以组的形式存在，在 Control IDs 中只出现第一个单选按钮的标识符。

（3）单击控件标识符，然后单击 Add Variable 按钮，出现 Add Member Variable 对话框，如图 12-18 所示。在 Member variable name 框中定义变量名，在 Category 框中设置变量的种类，在 Variable type 框中指定变量的类型，单击 OK 按钮完成变量的添加。

在 Add Member Variable 对话框中，Category 指明变量的种类，有 Value 和 Control 两类。Control 类变量代表控件本身，Value 类变量用来取得用户的输入。Variable type 指明变量的类型，等同于语句 int i 中 int 的作用。

如果在 Category 中选择 Control，则在 Variable type 中的变量类型是对应的控件类。

如果在 Category 中选择 Value，对于单选按钮，在 Variable type 中的变量类型是 int。单选按钮一般以组的形式出现，值表示整个组中哪一个单选按钮被选中，0 代表第一个，1 代

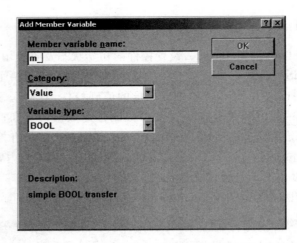

图 12-18   Add Member Variable 对话框

表第二个，以此类推，−1 表示一个也没选中。对于复选框，出现在 Variable type 中的变量类型是 BOOL，代表复选框是否被选中。对于编辑框，出现在 Variable type 中的变量类型是 CString、int 等类型，根据对输入数据的处理方式，可以从中任选一种合适的类型。

4. 定义消息处理

对话框是一种窗口，也会产生消息，但这些消息一般不处理。对话框中的控件也产生消息，例如，当用户在编辑框中输入或通过单选按钮或复选框进行选择时。控件产生的消息属于控件通知消息，将发送到对话框窗口（BN_CLICK 和 BN_DOUBLECLICK 消息例外，它们的传递机制和命令消息的传递机制相同）。控件消息是否需要处理取决于对话框的功能，有些情况下，控件产生的消息不用处理，因为在对话框退出时，可以通过数据成员来取得用户的输入和所做的选择。某些情况下，则需要处理控件产生的消息，例如，在 Word 中的字体对话框中有预览的功能，这时，就需要对控件产生的消息进行处理，根据用户的选择，随时显示相应的字体效果。表 12-6 列出了部分控件产生的消息。

表 12-6   部分控件产生的消息

控　　件	操　　作	产生的消息
按钮	单击了按钮控件	BN_CLICKED
单选按钮	选择或取消选择该按钮	BN_CLICKED
复选框	选中或取消选择该复选框	BN_CLICKED
编辑框	改变编辑框中的文本	EN_CHANGE
编辑框	编辑框得到输入焦点	EN_SETFOCUS

5. 对话框的显示

对话框设计的最后一步是对话框的显示和关闭。有两个问题需要考虑：一个问题是怎样显示对话框；另一个问题是何时显示对话框。对于模式对话框的显示，需要定义一个对话框类的实例，然后调用从 CDialog 类中继承的 DoModal()函数显示对话框。DoModal()

函数将一直执行，直到用户单击标识符为 IDOK 或 IDCANCEL 的按钮。MFC 为这两个按钮提供了默认处理，将调用对话框类的 EndDialog() 函数关闭对话框。DoModal() 函数分别返回 IDOK 或 IDCANCLE 常量结束执行。通常情况下，对话框的弹出和用户选择某个菜单项相关，所以，常常将对话框显示的代码加在菜单消息处理函数中。

例 12-4 示例添加对话框的程序。新建一个项目名为 DlgDemo 的单文档应用程序，有一个"格式"菜单，选择其中的"字体"菜单项将弹出一个对话框，用于选择字形和字符颜色。程序设计步骤如下。

（1）设计对话框界面。

添加对话框资源，将表 12-7 所示的控件加入 DialogDemo 对话框中，对话框中的控件布局如图 12-19 所示，对话框的 Caption 设为"字体"。

表 12-7 控件属性设置

ID	控件类型	要设置的值	ID	控件类型	要设置的值
IDC_STATIC	组框	Caption：字形	IDC_RED	单选按钮	Caption：红色
IDC_BOLD	复选框	Caption：加粗			Group
		Group			Tab Stop
		Tab Stop	IDC_BLUE	单选按钮	Caption：蓝色
IDC_ITALIC	复选框	Caption：斜体	IDC_GREEN	单选按钮	Caption：绿色
IDC_UNDERLINE	复选框	Caption：下画线	IDC_SAMPLE	组框	Caption：预览
IDC_STATIC	组框	Caption：颜色			

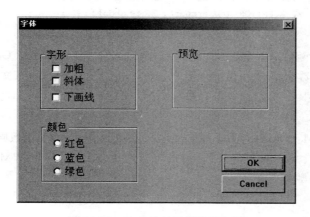

图 12-19 生成的对话框控件布局

（2）定义对话框类和数据成员。

建立管理对话框的类，为新建的对话框类取名为 Format，按表 12-8 定义数据成员。

表 12-8 数据成员设置

Control ID	Member ariable	Category	Variable type
IDC_RED	m_color	Value	int
IDC_BOLD	m_bold	Value	BOOL
IDC_ITALIC	m_italic	Value	BOOL
IDC_UNDERLINE	m_underline	Value	BOOL

（3）定义消息处理。

对话框提供了预览功能，预览区域是对话框窗口中的一块矩形区域，显示用户选择的字体和颜色的效果。程序通过处理控件产生的消息，随时获取用户的选择。通过处理对话框窗口的 WM_PAINT 消息，在预览区域输出字体效果。

在 Format 类中加入 RECT 类型数据成员 m_RectSample，保存预览区域坐标。

```
class Foramt:public CDialog
{
protected:
    RECT m_RectSample;
    //...
}
```

为 Format 增加 OnInitDialog()成员函数，OnInitDialog()响应 WM_INITDIALOG 消息。在 OnInitDialog()中添加保存预览区域坐标的代码。

```
BOOL Format::OnInitDialog()
{
    CDialog::OnInitDialog();
    //TODO: Add extra initialization here
    //保存预览区域坐标
    GetDlgItem(IDC_SAMPLE) - > GetWindowRect(&m_RectSample);
    ScreenToClient(&m_RectSample);
    return TRUE;  //return TRUE unless you set the focus to a control
                  //EXCEPTION: OCX Property Pages should return FALSE
}
```

Dialog 类的成员函数 GetDlgItem()返回指向对话框中控件的指针。GetWindowRect()和 ScreenToClient()函数从 CWnd 类继承而来。程序将对话框中的静态文本控件作为预览区域，通过 GetWindowRect()函数取得其坐标，然后通过 ScreenToClient()函数将窗口坐标转换为客户区坐标。

通过 ClassWizard 为 Format 类添加 OnPaint()函数。OnPaint()函数响应 WM_PAINT 消息，当窗口首次生成、大小改变、另一个窗口遮盖后重现时，将产生 WM_PAINT 消息。重新定义 OnPaint()函数如下：

```
void Format::OnPaint()
{
    CPaintDC dc(this); //device context for painting
    //TODO: Add your message handler code here
    int x,y;                                        //示例文本输出位置
    CFont font,tempfont;
    LOGFONT lf;
    //根据用户选择,设定字体
    tempfont.CreateStockObject(SYSTEM_FIXED_FONT);
    tempfont.GetObject(sizeof(LOGFONT),&lf);
    if (m_italic)
        lf.lfItalic = 1;
    if (m_bold)
```

```
        lf.lfWeight = FW_BOLD;
    if (m_underline)
        lf.lfUnderline = 1;
    //根据用户的选择,设定字体颜色
    switch(m_color)
    {
    case 1:
        dc.SetTextColor(RGB(255,0,0));          //红色
        break;
    case 2:
        dc.SetTextColor(RGB(0,0,255));          //蓝色
        break;
    case 3:
        dc.SetTextColor(RGB(0,255,0));          //绿色
    }
    font.CreateFontIndirect(&lf);
    dc.SelectObject(&font);
    x = m_RectSample.left + 35;
    y = m_RectSample.top + 35;
    dc.SetBkMode(TRANSPARENT);
    dc.TextOut(x,y,"xmnUHmn");
    //Do not call CDialog::OnPaint() for painting messages
}
```

MFC 的 CFont 类实现了对 Windows 的字体功能的封装,并提供操作字体的成员函数。LOGFONT 是 Windows 定义的一个结构,代表逻辑字体,结构中每个域代表一个字体特征。CFont 类的成员函数 CreateFontIndirect()将以逻辑字体为依据,根据系统提供的实际字体,创建一种最符合逻辑字体特征的实际字体。通过 CDC 类的成员函数 SelectObject()将这种字体选进设备环境。CDC 类的 SetTextColor()函数设置字体的颜色,RGB 宏中的三个参数分别代表红、绿和蓝三色。

利用 ClassWizard 向导,在对话框类中将控件标识符为 IDC_BOLD、IDC_ITALIC、IDC_UNDERLINE、IDC_RED、IDC_BLUE 和 IDC_GREEN 的控件分别建立响应 BN_CLICKED 消息的处理函数。各消息处理函数代码如下:

```
void Format::OnGreen()
{
    //TODO: Add your control notification handler code here
    if(IsDlgButtonChecked(IDC_GREEN))
    {
        m_color = 3;                          //用户选择绿色
        //刷新预览区域,显示效果
        InvalidateRect(&m_RectSample);
        UpdateWindow();
    }
}
void Format::OnItalic()
{
    //TODO: Add your control notification handler code here
    m_italic = !m_italic;                     //用户是否选择斜体
```

```
        //刷新预览区域,显示效果
        InvalidateRect(&m_RectSample);
        UpdateWindow();
}
void Format::OnRed()
{
    //TODO: Add your control notification handler code here
    if(IsDlgButtonChecked(IDC_RED))
    {
        m_color = 1;                            //用户选择红色
        //刷新预览区域,显示效果
        InvalidateRect(&m_RectSample);
        UpdateWindow();
    }
}
void Format::OnUnderline()
{
    //TODO: Add your control notification handler code here
    m_underline = !m_underline;                 //用户是否选择下画线
    //刷新预览区域,显示效果
    InvalidateRect(&m_RectSample);
    UpdateWindow()
}
void Format::OnBlue()
{
    //TODO: Add your control notification handler code here
if(IsDlgButtonChecked(IDC_BLUE))
    {
        m_color = 2;                            //用户选择蓝色
        //刷新预览区域,显示效果
        InvalidateRect(&m_RectSample);
        UpdateWindow();
    }
}
void Format::OnBold()
{
    //TODO: Add your control notification handler code here
    m_bold = !m_bold;                           //用户是否选择加粗
    //刷新预览区域,显示效果
    InvalidateRect(&m_RectSample);
    UpdateWindow();
}
```

InvalidateRect()函数设置窗口的无效矩形区域,显式地产生 WM_PAINT 消息。无效矩形指的是客户区中的的一个区域,当产生 WM_PAINT 消息时,无效矩形将被重绘。UpdateWindow()函数更新客户区,产生的 WM_PAINT 消息绕过应用程序消息队列直接发送,提高重绘的速度。这两个函数都是从 CWnd 类继承而来的。

（4）定义菜单。

修改应用程序生成的默认菜单如图 12-20 所示,格式菜单属性如表 12-9 所示。

图 12-20 生成的格式菜单

表 12-9 格式菜单属性

ID	Caption	ID	Caption
无	格式	ID_FORMAT	字体…

（5）在文档类中添加保存对话框返回信息的数据成员。

```
class CDlgDemoDoc:public CDocument
{
public:
    BOOL m_bold,m_italic,m_underline;        //用户所选的字形
    int m_color;                             //用户所选颜色,1 为红色,2 为蓝色,3 为绿色
    //…
    }
```

初始化数据成员如下：

```
CDlgDemoDoc::CDlgDemoDoc()
{
    //TODO: add one-time construction code here
    //设定初始状态
    m_bold = false;
    m_italic = false;
    m_underline = false;
    m_color = -1;
}
```

（6）对话框的显示。

在 DlgDemoDoc.cpp 中包含头文件 Format.h,在文档类中加入菜单消息处理函数 OnFormat(),实现对话框的显示。代码如下：

```
void CDlgDemoDoc::OnFormat()
{
    //TODO: Add your command handler code here
    Format dlg;
    //设置控件的初始状态
    dlg.m_bold = m_bold;
    dlg.m_italic = m_italic;
    dlg.m_underline = m_underline;
    dlg.m_color = m_color;
    //显示对话框,并取得用户的选择
    if(dlg.DoModal() == IDOK)
    {
        m_bold = dlg.m_bold;
        m_underline = dlg.m_underline;
```

```
            m_italic = dlg.m_italic;
            m_color = dlg.m_color;
            UpdateAllViews(NULL);                    //强制刷新所有的视图
        }
    }
```

(7) 修改视图类的 OnDraw() 函数。

修改视图类的 OnDraw() 函数的代码如下：

```
//在 OnDraw()函数中,按用户的选择输出文本
void CDlgDemoView::OnDraw(CDC * pDC)
{
    CDlgDemoDoc * pDoc = GetDocument();
    ASSERT_VALID(pDoc);
    //TODO: add draw code for native data here
    CFont font,tempfont;
    LOGFONT lf;
    tempfont.CreateStockObject(SYSTEM_FIXED_FONT);
    tempfont.GetObject(sizeof(LOGFONT),&lf);
    if(pDoc -> m_italic)
        lf.lfItalic = 1;
    if(pDoc -> m_bold)
        lf.lfWeight = FW_BOLD;
    if(pDoc -> m_underline)
        lf.lfUnderline = 1;
    font.CreateFontIndirect(&lf);
    switch(pDoc -> m_color)
    {
    case 0:
        pDC -> SetTextColor(RGB(255,0,0));
        break;
    case 1:
        pDC -> SetTextColor(RGB(0,0,255));
        break;
    case 2:
        pDC -> SetTextColor(RGB(0,255,0));
    }
    pDC -> SelectObject(&font);
    pDC -> TextOut(10,10,"Hello World");
}
```

12.3.3 非模式对话框

非模式对话框显示时,不用退出对话框,就能回到应用程序继续执行。这种形式的对话框可以在应用程序的主窗口和非模式对话框之间来回切换,作为一种辅窗口和主窗口一起使用。

非模式对话框和模式对话框的主要区别如下。

(1) 非模式对话类的实例声明为全局对象或用 new 操作符生成。因为显示函数返回后,非模式对话框通常还要继续打开。

（2）非模式对话框的显示使用 CDialog∷Create()函数而非 CDialog∷DoModal()函数。CDialog∷Create()立即返回，但非模式对话框继续保持。

（3）关闭非模式对话框使用 CWnd∷Destroy()函数而不是 EndDialog()函数，因而不能使用 MFC 为 OK 按钮和 Cancel 按钮提供的默认处理。需要自定义 OnCancle()消息处理函数处理非模式对话框的关闭，如果有 OK 按钮，还要定义 OnOk()函数消息处理函数。

12.4　本章小结

利用 AppWizard 向导，可以方便地生成各种 Windows 应用程序，并为程序添加菜单、工具栏和状态栏。AppWizard 为应用程序添加的代码实现了程序的基本功能，在生成的应用程序的基础上，利用资源编辑器，以可视化的方式创建菜单、对话框等常见 Windows 用户界面。利用 ClassWizard 向导，为字符消息、鼠标消息和菜单消息等建立消息映射和相应的处理函数。在自动生成的应用程序中添加相应的代码，实现应用程序的功能。

12.5　习题

1. 文档类、主框架窗口类和视图类的结构是如何定义的？
2. 修改 DlgDemo 程序，使用如图 12-21 所示的对话框实现作图图形的选择。

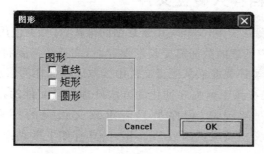

图 12-21　用于选择作图图形的对话框

第13章 文档应用程序设计

MFC 的文档/视图结构将 Windows 应用程序的功能划分在不同的类中,利用 MFC 提供的运行机制和消息传递机制,构成应用程序的类,通过传递消息、调用接口函数,共同完成程序的功能。本章分别介绍单文档和多文档应用程序的设计。

13.1 单文档应用程序

视图是数据的"窗口",为用户提供了文档可视化的数据显示。单文档应用在任意时刻只能处理一个文档和显示该文档的一个视图窗口。

13.1.1 将文档存入磁盘文件

在 MFC 的文档/视图结构中,文档类用于数据的维护,文档类使用普通成员变量或对象成员变量保存数据。当用户处理的数据需要长期保存时,文档类需要将数据成员以文件的方式保存在磁盘上,同时文档类还要能够从磁盘文件中读取以前保存的信息以便重建文档类。

MFC 应用程序框架提供了数据序列化的方法处理磁盘文件的存盘与打开,序列化的大部分工作靠应用程序框架完成,程序员只需重载文档类的序列化函数 Serialize。由 AppWizard 向导生成的文档类成员函数 Serialize()具有如下形式:

```
void CMouseDemoDoc::Serialize(CArchive& ar)
{
    if (ar.IsStoring())
    {
    }
    else
    {
    }
}
```

其中,MFC 向函数传入一个类 CArchive 实例的引用。CArchive 对象与打开的文件关联,它提供一组成员函数方便地从这个文件读取数据或向其写入数据。

文件打开可写时(用户从菜单中选择"保存"或"另存"命令),CArchive 的成员函数 IsStoring()返回 TRUE;文件打开可读时(用户从菜单中选择"打开"命令),IsStoring()返回 FALSE。因此,输出代码应放在 if 块中,而输入代码应放在 else 块中。

在单文档应用程序中,打开一个新的文件需要提示用户将未保存数据存盘,并且需要将旧数据删除。当用户选择"文件"菜单中的"新建"命令时,MFC调用虚函数CDocument()的成员函数DeleteContents()删除当前文档的内容。同时CDocument类维护一个修改标志,指示文档当前是否包含未保存数据。MFC调用文档类的成员函数删除文档数据时要检查这个标志。如果未保存数据,则将提示用户将数据存盘。一般的处理方式是在文档数据改变时,通过文档类的成员函数SetModifiedFlag()将修改标志置为TRUE。

例13-1 示例文件保存。本程序是对KeyDemo程序的改进,使得应用程序能保存数据。

(1)支持"文件"菜单命令。

如果创建单文档应用程序时使用AppWizard提供的默认菜单,MFC提供对菜单命令项"新建""打开""保存"和"另存"的默认处理代码。"新建"命令由CWinApp的成员函数OnFileNew()处理。OnFileNew()调用文档类的成员函数DeleteContents()删除文件内容。"打开"命令由CWinApp的成员函数OnFileOpen()处理,OnFileOpen()调用文档类的成员函数Serialize()完成文件读。"保存"和"另存"命令的处理函数同样调用文档类的成员函数Serialize()完成文件写。

利用ClassWizard向导,将加入文档类CKeyDemoDoc中,打开KeyDemoDoc.cpp,添加如下代码:

```cpp
void CKeyDemoDoc::DeleteContents()
{
    m_text.Empty();                    //删除字符串中的所有内容
    CDocument::DeleteContents();
}


void CKeyDemoDoc::Serialize(CArchive& ar)
{
    if (ar.IsStoring())
    {
        //TODO: add storing code here
        ar << m_text;                  //写文件
    }
    else
    {
        //TODO: add loading code here
        ar >> m_text;                  //读文件
    }
}
```

(2)设置修改标志。

打开KeyDemoView.cpp,添加如下代码:

```cpp
void CKeyDemoView::OnChar(UINT nChar, UINT nRepCnt, UINT nFlags)
{
    //TODO: Add your message handler code here and/or call default
    if(nChar<32)                       //不处理ASCII码小于32的字符
    {
        ::MessageBeep(MB_OK);
```

```
        return;
    }
    CClientDC ClientDc(this);                    //获得视图窗口客户区的设备环境
    CKeyDemoDoc  * pDoc = GetDocument();
    pDoc - > m_text += nChar;
    ClientDc.TextOut(0,0,pDoc - > m_text);
    pDoc - > SetModifiedFlag();                  //设置修改标志
    CView::OnChar(nChar, nRepCnt, nFlags);
}
```

13.1.2　滚动和分割视图

滚动功能使用户可以阅读和编辑大于视图窗口（简称视口）的任何东西——无论是文本、表格、数据库记录还是图像。只要它所需的空间超出了客户区所能提供的空间，就可以使用滚动条。

CScrollView 是从 CView 类派生的专用视图类。从 CScrollView 类派生的视图类自动将滚动条加入视图窗口，并提供了支持滚动操作的大多数代码。

所有 GDI 函数都使用逻辑坐标，Windows 将 GDI 函数中指定逻辑坐标映射为设备坐标。Windows 中存在多种映射方式和设备坐标系统，下面仅以 MM_TEXT 映射方式为例讨论滚动的实现。

视口（设备坐标）通常与客户区等同，以像素为单位。默认的视口原点（ViewportOrg）是客户区的左上角，X 轴的值向右增加，Y 轴的值向下增加。"窗口"（与前面的窗口概念是不同的）指的是输出结果所占的一块矩形区域，可以使用任意的坐标单位（如像素、毫米、英寸等），任意坐标系统。在 MM_TEXT 映射方式下，"窗口"也以像素为坐标单位，默认的窗口原点（WindowOrg）在输出区域的左上角，X 轴的值向右增加，Y 轴的值向下增加。Windows 将"窗口"的输出结果通过映射方式输出到视口（客户区）。当"窗口"原点为（0,0）保持不变时，两种坐标的映射关系可表示为：

$$xViewport = xWindow + xViewportOrg$$
$$yViewport = yWindows - yViewportOrg$$

其中，（xWindow,yWindows）是待转换的逻辑点，（xViewport,yViewport）是转换后的设备坐标点，（xViewportOrg,yViewporgOrg）是视口原点坐标。

在没有滚动时，"窗口"和视口的关系如图 13-1 所示。

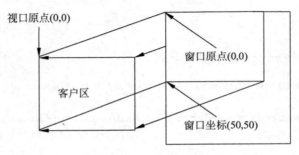

图 13-1　滚动前"窗口"和视口的关系

当滚动之后,MFC 响应滚动动作调整视口原点(ViewportOrg)。假设视口原点移动到(0,−20),根据给出的计算公式,可以得到,"窗口"坐标中 Y 坐标大于 20 的内容被映射到客户区内,小于 20 的内容被移出了客户区,因此无须修改 OnDraw()函数就可以支持滚动。滚动后"窗口"和视口关系如图 13-2 所示。

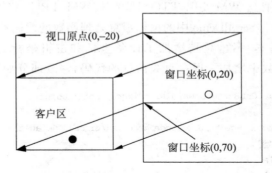

图 13-2 滚动后"窗口"和视口关系

需要注意的是鼠标消息。当鼠标在客户区单击或移动时,产生的消息含有鼠标的坐标信息。这种坐标(图中的实点)是以客户区左上角为原点以像素为单位的坐标。同时,还存在逻辑坐标,即在"窗口"中的坐标(图中的空心点)。MFC 的 CDC 类提供两个转换函数:DPtoLP()实现设备坐标到逻辑坐标转换,LPtoDP()实现逻辑点到设备点转换。

例 13-2 示例添加滚动功能的程序。ScrollDemo 以 MouseDemo 程序为基础,在程序中加入滚动功能。按创建单文档应用程序的步骤创建 ScrollDemo,只是在 MFC AppWizard-Step 6 of 6 对话框中,将视图类的基类改为 CScrollView 类,这样,生成的应用程序就具有滚动功能。

完成程序的创建后,首先确定显示的大小,即设置前面提到的输出区域的大小。如果窗口的客户区能容纳整个输出区域,窗口将不会出现滚动条。在视图类的 OnInitialUpdate()成员函数中添加如下代码:

```
void CScrollDemoView::OnInitialUpdate()
{
    CScrollView::OnInitialUpdate();
    //设置 640 * 480 的输出区域,采用 MM_TEXT 映射方式
    SIZE size;
    size.cx = 640;
    size.cy = 480;
    SetScrollSizes(MM_TEXT, size);
}
```

在文档类中增加保存所绘直线的数据成员。

思考题:如果在 MouseDemo 中没有定义保存这些信息的数据成员,将会出现什么问题?

```
class CScrollDemoDoc:public CDocument
{
public:
    int m_lines;                              //直线的条数,初始化为 0
```

```
        CPoint m_linebegine[100],m_lineend[100];    //直线的起始和终止坐标
        //…
    }
```

在程序的视图类中添加与 MouseDemo 程序相同的数据成员 m_dragging、m_pointold 和 m_pointorg。添加鼠标消息 WM_LBUTTONDOWN、WM_LBUTTONUP 和 WM_MOUSE-MOVE 的消息处理函数。ScrollDemo 中的鼠标消息处理函数的代码和 MouseDemo 中的鼠标消息处理函数的代码基本一致，只是增加了设备坐标和逻辑坐标的转换。在 WM_LBU-TTONUP 消息处理函数中增加了保存直线信息的代码，修改部分如下：

```
    void CScrollDemoView::OnLButtonDown(UINT nFlags, CPoint point)
    {
        //TODO: Add your message handler code here and/or call default
        CClientDC dc(this);
        OnPrepareDC(&dc);
        dc.DPtoLP(&point);                        //坐标转换
        m_dragging = 1;
        //…
    }
    void CScrollDemoView::OnMouseMove(UINT nFlags, CPoint point)
    {
        //TODO: Add your message handler code here and/or call default
        if(m_dragging)
        {
            CClientDC dc(this);
            OnPrepareDC(&dc);
            dc.DPtoLP(&point);                    //坐标转换
            dc.SetROP2(R2_NOT);
        }
        //…
    }
    void CScrollDemoView::OnLButtonUp(UINT nFlags, CPoint point)
    {
        //TODO: Add your message handler code here and/or call default
        if(m_dragging)
        {
            m_dragging = 0;
            CClientDC dc(this);
            OnPrepareDC(&dc);                      //坐标转换
            dc.DPtoLP(&point);
            dc.SetROP2(R2_NOT);
            dc.MoveTo(m_pointorg);
            dc.LineTo(m_pointold);
            dc.MoveTo(m_pointorg);
            dc.LineTo(point);
            CScrollDemoDoc * pDoc = GetDocument();
            //保存直线信息
            if(pDoc -> m_lines < 100)
            {
                (pDoc -> m_linebegine)[pDoc -> m_lines] = m_pointorg;
```

```
            (pDoc - > m_lineend)[pDoc - > m_lines] = point;
               pDoc - > m_lines++;
          }
      }
      CScrollView::OnLButtonUp(nFlags, point);
}
```

修改视图类的 OnDraw()函数代码如下：

```
void CScrollDemoView::OnDraw(CDC * pDC)
{
      CScrollDemoDoc * pDoc = GetDocument();
      ASSERT_VALID(pDoc);
      if(pDoc - > m_lines > 0)
      {
          for(int i = 0; i < pDoc - > m_lines; i++)
          {
              pDC - > MoveTo((pDoc - > m_linebegine)[i]);
              pDC - > LineTo((pDoc - > m_lineend)[i]);
          }
      }
}
```

思考题：把坐标转换函数从代码中删除，其结果将如何？为什么？

13.1.3 在程序中实现分割功能

滚动可以让用户阅读超过窗口的长文档，但用户也只能查看文档的某一部分，如果用户想同时阅读文档中相隔很远的部分，就必须同时打开两个窗口，分别滚动到相应的位置阅读。Windows 提供窗口分割功能，实现同时阅读长文档的不同部分。在窗口的垂直滚动条的上部和水平滚动条的底部，存在一个分割框区域，双击分割框或拖动分割框到所需的位置，窗口被垂直或水平地分成两个独立的窗口，被分割后的窗口称为面板，用以显示同一文档或图形的不同部分。

在 AppWizard 向导创建单文档应用程序过程中的 Step 4 对话框中，执行下列步骤。

(1) 单击 Advance 按钮，打开 Advance Option 对话框。

(2) 在 Advance Option 对话框中，单击 Window Styles(窗口风格)对话框，再选取 Use split Window(应用拆分窗口)项。

在生成的应用程序中，AppWizard 向导在主框架窗口类 CMainFrame 中增加了一个 CSplitterWnd 类的数据成员 m_wndSplitter。CSplitterWnd 类是从 CWnd 类派生而来的，这个类具有生成和管理分割窗口的功能。

AppWizard 向导在主框架窗口类 CMainFrame 中新增成员函数 OnCreateClient()。这个函数的默认功能是：生成单个视图窗口，并填充满主框架窗口的客户区。增加分割功能后，OnCreateClient()函数定义如下：

```
BOOL CMainFrame::OnCreateClient(LPCREATESTRUCT /?lpcs?/,
      CCreateContext? pContext)
{
```

```
        return m_wndSplitter.Create(this,
            2,2,                                    //TODO: adjust the number of rows, columns
            CSize(10, 10),                          //TODO: adjust the minimum pane size
            pContext);
    }
```

在函数中，通过调用 m_wndSplitter 对象的 Create() 函数生成了分隔窗口而不是视图窗口，用以填充主框架窗口的客户区。Create() 函数的第一个参数指定父窗口，this 指定主框架窗口为父窗口；第二个和第三个参数分别指定水平和垂直方向所能分割的窗口个数，如果为 1，则不能分割。

加入分割窗口后，窗口间的相互关系可以理解为：分割窗口是主框架窗口的子窗口，分割窗口生成并管理面板，每个面板是其子窗口。面板通常由 CView 类的派生类生成，因此，也可以说分割窗口生成并管理视图窗口。

分割窗口的目的是将一个文档或图像的不同部分同时显示，用户在某一个视图窗口所做的操作必然要反映到其他视图窗口中，这就存在怎样协调不同视图操作的问题。CDocument 类的 UpdateAllViews() 函数强制所有使用了文档数据的视图调用 OnDraw() 函数，从而达到协调的目的。UpdateAllViews() 函数格式如下：

```
void UpdateAllViews( CView * pSender, LPARAM lHint = 0L, CObject * pHint = NULL )
```

其中，pSender 参数代表修改文档数据的视图窗口指针；lHint 和 pHint 参数是可选的，用于提高视图窗口重绘的效率。

例 13-3   示例实现分割功能的程序。新建项目 SplitterDemo，在 MFC AppWizard-Step 4 of 6 对话框中指定使用分割窗口。SplitterDemo 是 ScrollDemo 程序的改进，使用与 ScrollDemo 程序中相同的鼠标消息处理函数代码、OnDraw() 函数代码和数据成员，只是在 OnLButtonUP() 函数中添加 UpdateAllViews() 函数，当新增加一条直线时，调用该函数，通知所有视图发生相应的改变。改动后的 OnLButtonUp() 函数如下：

```
void CSplitterDemoView::OnLButtonUp(UINT nFlags,CPoint point)
{
    //TODO: Add your message handler code here and/or call default
    if(m_dragging)
    {
        //...
        if(pDoc - > m_lines < 100)
        {
            (pDoc - > m_linebegine)[pDoc - > m_lines] = m_pointorg;
            (pDoc - > m_lineend)[pDoc - > m_lines] = point;
            pDoc - > m_lines++;
        }
        pDoc - > UpdateAllViews(this);
    }
    CView::OnLButtonUp(nFlags, point);
}
```

多文档应用程序也是一类广泛使用的 Windows 应用程序。微软公司的 Office 系列软件、Adobe 的 Photoshop 系列绘图软件等都是多文档应用程序。这些应用程序允许用户同时打开多个文件进行编辑,并且支持打开多种类型的文件,根据不同的文件类型,显示不同的菜单。下面首先介绍多文档应用程序的结构,然后介绍支持多种文件类型和多菜单的方法。

13.2　多文档应用程序结构

多文档应用程序仍然使用文档/视图结构,与单文档应用程序比较,生成的类以及类的功能存在差别。MFC 提供相应的运行机制和文档/视图结构实现多文档。

13.2.1　多文档中的文档/视图结构

文档/视图结构实现的是一种数据和显示分离的模型。在单文档应用程序中,对文档类和视图类只分别实例化一个对象,文档对象提供数据,视图对象负责显示,生成的视图窗口在主框架窗口的客户区。

多文档应用程序有一个含有菜单、工具栏和状态栏的主框架窗口,但管理主框架窗口的主框架窗口类是从多文档框架窗口类 CMDIFrameWnd 派生而来的。在多文档应用程序中,视图窗口不再依赖于主框架窗口,而是包含在子窗口中,多文档应用程序允许同时打开多个子窗口。相应地,MFC 允许实例化多个文档和视图类对象,用于在不同的子窗口显示不同的文档对象的数据,从而实现多文档。多文档应用程序下,主框架窗口、子窗口和视图窗口的关系如图 13-3 所示。

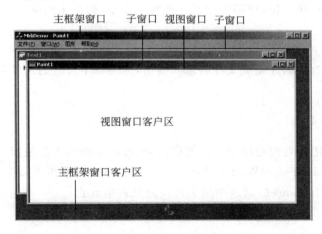

图 13-3　多文档应用程序下各窗口的关系

13.2.2　生成一个多文档应用程序

利用 AppWizard 向导创建多文档应用程序 MultiDoc 的步骤如下。

(1) 在 Visual C++ 主菜单中打开 File 菜单,选择 New 菜单项,出现 New 对话框。

(2) 在 New 对话框中打开 Projects 选项卡,在项目清单中选择 MFC AppWizard[exe] 选项,在 Project name 框中输入 MultiDoc,单击 OK 按钮。

(3) 在弹出的 MFC AppWizard-Step 1 of 6 对话框中,选择 Multiple document 选项,选

择 Document/View architecture support 项。单击 Next 按钮。

（4）在弹出的 MFC AppWizard-Step 2 of 6 对话框中，接受对话框的默认配置，单击 Next 按钮。

（5）在弹出的 MFC AppWizard-Step 3 of 6 对话框中，取消选中 ActiveX Control 复选框，单击 Next 按钮。

（6）在弹出的 MFC AppWizard-Step 4 of 6 对话框中，可以接受对话框的默认配置，单击 Next 按钮。

（7）在弹出的 MFC AppWizard-Step 5 of 6 对话框中，接受对话框的默认配置，单击 Finish 按钮。

（8）在弹出的 MFC AppWizard-Step 6 of 6 对话框中，接受对话框的默认配置，单击 OK 按钮，完成多文档应用程序的创建。

13.2.3　生成的类和文件

用 AppWizard 向导创建多文档应用程序所生成的类和文件与单文档应用程序相似。多文档应用程序也包括应用程序类、文档类、主框架窗口类和视图类，但多了一个子窗口类。各类的作用与单文档应用程序的类有所不同。

1. 应用程序类

与单文档应用程序一样，应用程序类管理整个程序，初始化程序。

2. 文档类

文档类用于存放数据并完成文件的输入输出，但为每个打开的文件创建文档类对象，而不是共用同一对象。

3. 主框架窗口类

主框架窗口类用于管理程序的主框架窗口，但和单文档的主框架窗口类不一样，它由多文档框架窗口类 CMDIFrameWnd 派生而来。主框架窗口不像在单文档应用程序中那样自动生成，所以在 InitInstance() 函数中用下列代码显式生成它：

```
//…
CMainFrame * pMainFrame = new CMainFrame;
    if(!pMainFrame -> LoadFrame(IDR_MAINFRAME))
        return FALSE;
    m_pMainWnd = pMainFrame;
//…
```

4. 子窗口类

子窗口类(CChildFrame)由多文档子窗口类 CMDIChildWnd 派生而来，用于管理子窗口。在多文档应用程序中，使用多文档模板类(CMultiDocTemplate)将子窗口类和文档类、视图类联系在一起。在 InitInstance() 函数中多文档模板的代码如下：

```
CMultiDocTemplate * pDocTemplate;
pDocTemplate = new CMultiDocTemplate
(
    IDR_MULTIDTYPE,
    RUNTIME_CLASS(CMultiDocDoc),
    RUNTIME_CLASS(CChildFrame),              //custom MDI child frame
    RUNTIME_CLASS(CMultiDoc1View));
AddDocTemplate(pDocTemplate);
```

说明：多文档模板 CMultiDocTemplate 的第三个参数是子窗口类，而不是单文档中的主框架窗口类。

5. 视图类

与单文档应用程序一样，视图类管理视图窗口，负责数据的显示和处理用户的输入。

13.2.4 处理多文件类型和多菜单

在多文档应用程序中，当用户选择"文件"菜单中的"新建"或"打开"菜单项时，MFC 自动产生新的子窗口和视图窗口，并且在视图窗口中显示相关联的文档数据。所以，对于多文档应用程序设计，主要的工作还是为文档类和视图类添加相应的功能，设计菜单、工具栏等用户界面以及鼠标和键盘的处理。但如果要支持多种文件类型或多菜单，则需要添加额外的代码。

多文档应用程序除了支持单一文件类型外，还可以支持多种文件类型，即一个应用程序可以处理多种文件格式，如 Word 既可以打开文本文件，也可以打开电子表格文件。为了支持多文件类型，需要在程序中定义一个基于 CDocument 的派生类和一个支持这种文件显示的视图类，补充其特定功能，然后通过文档模板加入。加入新文件类型的代码如下：

```
//…
CMultiDocTemplate * pDocTemplate;
pDocTemplate = new CMultiDocTemplate
(
    IDR_MULTIDTYPE1,
    RUNTIME_CLASS(CMyDocA),                  //文件类型 A
    RUNTIME_CLASS(CChildFrame),              //custom MDI child frame
    RUNTIME_CLASS(CMyDocAView));             //支持文件类型 A 显示的视图类
AddDocTemplate(pDocTemplate);

pDocTemplate = new CMultiDocTemplate
(
    IDR_MULTIDTYPE2,
    RUNTIME_CLASS(CMyDocB),                  //文件类型 B
    RUNTIME_CLASS(CChildFrame1),             //custom MDI child frame
    RUNTIME_CLASS(CMyDocBView));             //支持文件类型 B 显示的视图类
AddDocTemplate(pDocTemplate);
//…
```

多文档应用程序也可以实现多视图，即在多个视图窗口中显示同一文档。这要求各视图之间的协调，因为在一个视图窗口做了改动时，可能需要反映到其他视图，这和前面提到的视图分割相似。当在一个视图中改动时，调用 CDocument 类的 UpdateAllView() 函数强制刷新所有的视图，从而保证每个视图都显示文档的当前内容。

尽管程序中存在多个子窗口，但是在某一时刻，只有一个子窗口处于活动状态。子窗口没有自己的菜单，而是共享主框架窗口的菜单。如果多文档应用程序支持多种文件类型，不同的文件类型可能需要不同的菜单。如果一个程序既可以打开电子表格文件，又可以打开文本文件，就需要对文本文件和电子表格文件提供不同的菜单。通过 MFC 提供的运行机制，在多文档应用程序下，可以方便地实现多菜单，MFC 可以根据打开文件的类型，显示不同的菜单。

13.2.5　多文档应用程序示例

下面以一个简单的多文档应用程序 MdiDemo 为例，介绍多文档应用程序的多文件类型和多菜单支持。MdiDemo 显示两种窗口：一种窗口输出文本；在另一种窗口中，可以利用鼠标画图，MdiDemo 以这种方式模拟多文件类型。同时根据不同的文件类型，显示不同的菜单。

例 13-4　示例多文档应用程序。按照多文档应用程序建立的步骤，创建多文档应用程序 MdiDemo。当新增一种文件类型时，需要在项目中添加支持这种文件类型的文档类、视图类和子窗口类（不同文件类型也可用相同的子窗口）。所以，在 MdiDemo 中添加 PaintDoc 类，基类为 CDocument 类；添加 PaintView 类，基类为 SCrollView 类；添加 PaintFrame 类，基类为 CMDIChildWnd。操作步骤如下。

（1）打开 Class View 选项卡，右击工作区中的 MdiDemo。

（2）在弹出的菜单中选择 New Class 选项。

（3）出现的 New Class 对话框如图 13-4 所示，在 Class type 框中选择 MFC Class，在 Name 框中输入 PaintDoc，在 Base class 框中选择 CDocument。单击 OK 按钮完成类的添加。

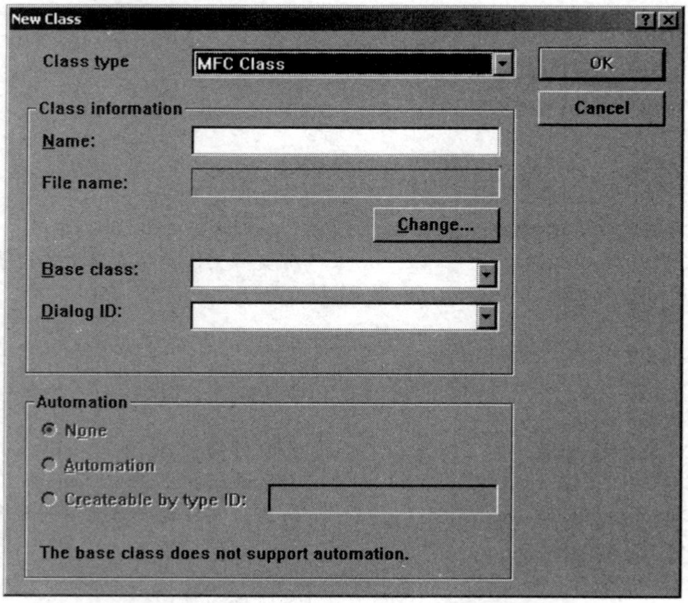

图 13-4　New Class 对话框

（4）按上述步骤依次加入 PaintView 和 PaintFrame。PaintView 的基类选择 CScrollView，PaintFrame 的基类选择 CMDIChildFrame。

完成新类的添加后，定义新文件类型的资源标识符为 IDR_PAINTTYPE。资源标识符可任意命名，和变量命名一样，最好能体现这种文件类型的格式，但需要遵守 MFC 的格式，以 IDR_ 开头。

通过字符串资源编辑器，为新文件类型定义字符串资源。字符串资源的主要作用是设定新文件类型的文件类型、扩展名等。字符串资源的 ID 定义为 IDR_PAINTTYPE，Caption 定义为 \nPaint\nPaint\n\n\nMdiDemo.Document\nPaint Document。

字符串资源包括 7 个域，用\n 分割。第 1 个域代表当打开这种文件类型时，出现在主框架窗口的标题，该字符串仅出现在 SDI 程序中，对于多文档程序为空，因此 IDR_PAINTTYPE 以\n 开头；第 2 个域代表打开文件预定使用的文件名称；第 3 个域代表文件类型名称；第 4 个域是扩展名说明；第 5 个域代表文件扩展名；第 6 个域指定文件类型代号，此代号将存储于操作系统的登录数据库中，系统可利用此代号识别打开文件所需要的程序；第 7 个域是文件类型名称，存储在系统的文件登录数据库中。其中，第 3～5 个参数用于打开文件的对话框。

修改应用程序类中的 InitInstance()函数，添加新的文件类型的代码如下：

```
BOOL CMdiDemoApp::InitInstance()
{
    CMultiDocTemplate * pDocTemplate;
    pDocTemplate = new CMultiDocTemplate(
        IDR_MDIDEMTYPE,
        RUNTIME_CLASS(CMdiDemoDoc),
        RUNTIME_CLASS(CChildFrame),              //custom MDI child frame
        RUNTIME_CLASS(CMdiDemoView));
    AddDocTemplate(pDocTemplate);
    CMultiDocTemplate * pPaintTemplate;
    pPaintTemplate = new CMultiDocTemplate(
        IDR_PAINTTYPE,                           //新文件类型的资源 ID
        RUNTIME_CLASS(PaintDoc),
        RUNTIME_CLASS(PaintFrame),               //custom MDI child frame
        RUNTIME_CLASS(PaintView));
    AddDocTemplate(pPaintTemplate);
    //create main MDI Frame window
    CMainFrame * pMainFrame = new CMainFrame;
    if(!pMainFrame->LoadFrame(IDR_MAINFRAME))
        return FALSE;
    m_pMainWnd = pMainFrame;
    //删除下列自动生成的代码
    //Parse command line for standard shell commands,DDE,file open
    //CCommandLineInfo cmdInfo;
    //ParseCommandLine(cmdInfo);
    //Dispatch commands specified on the command line
    //if(!ProcessShellCommand(cmdInfo))
    //return FALSE;
    pMainFrame->ShowWindow(m_nCmdShow);
```

```
    pMainFrame->UpdateWindow();
    return TRUE;
}
```

　　打开菜单编辑器可以看到，生成的 MdiDemo 程序有两个菜单：IDR_MAINFRAME 和 IDR_MDIDEMTYPE。标识符为 IDR_MAINFRAME 的菜单是主框架窗口菜单，在没有子窗口打开时使用。标识符为 IDR_MDIDEMTYPE 的菜单是 AppWizard 向导为默认文档生成的菜单，当默认文档在子窗口中打开时使用该菜单。如果把标识符为 IDR_MDIDEMTYPE 的菜单删除，则无论文档是否打开，都只使用标识符为 IDR_MAINFRAME 的菜单。相应地，如果定义一个标识符为 IDR_PAINTTYPE（新加入的资源标识符）的菜单，那么当新加入的文档打开时，就应该使用标识符为 IDR_PAINTTYPE 的菜单，从而实现多菜单。

　　新建一个标识符为 IDR_PAINTTYPE 的菜单，创建和 IDR_MDIDEMTYPE 菜单相同的菜单项，然后，按照表 13-1 所示的属性添加"图形"菜单项，最后的结果如图 13-5 所示。

表 13-1　加入"图形"菜单的项目属性

ID	修 改 的 值
ID_LINE	Caption：直线
ID_RECTANGLE	Caption：直线
ID_CIRCLE	Caption：圆形

图 13-5　完成的"图形"菜单

　　按照表 13-2 修改主框架窗口菜单（标识符为 IDR_MAINFRAME），最后的结果如图 13-6 所示。

表 13-2　加入"文件"菜单的项目属性

ID	修 改 的 值
ID_NEWTEXT	Caption：&New Text
ID_NEWPAINT	Caption：&New Paint

图 13-6　完成的"文件"菜单

　　在程序类 CMdiDemoApp 中建立 IDR_MAINFRAME 菜单的消息处理函数。这两个菜单项都用于文件的打开，代码相似。其中 OnNewpaint() 函数的代码如下：

```
void CMdiDemoApp::OnNewpaint()
{
    //TODO: Add your command handler code here
```

```
//查找用于打开 Paint 类型文件的文档模板
POSITION curTemplatePos = GetFirstDocTemplatePosition();
while(curTemplatePos!= NULL)
{
    CDocTemplate * curTemplate =
        GetNextDocTemplate(curTemplatePos);
    CString str;
    curTemplate -> GetDocString(str,CDocTemplate::docName);
    if(str == _T("Paint"))
    {
        //使用 Paint 类型的文档模板打开文件
        curTemplate -> OpenDocumentFile(NULL);
        return;
    }
}
```

修改 MdiDemoView 类的 OnDraw() 函数，添加如下一行代码：

```
pDC -> TextOut(10,10,"Hello");
```

最后，在 PaintView 类中建立"图形"菜单处理函数。MdiDemo 的画图功能和第 12 章的 MenuDemo 相同，可以直接将 MenuDemo 中的代码复制到 MdiDemo 中。

13.3 本章小结

基于 MFC 的 Windows 应用程序的构成和运行机制与传统 Windows 应用程序不同。在 MFC 中，单文档应用程序由 4 个类构成：应用程序类、主框架窗口类、文档类和视图类。通过 MFC 提供的运行机制，这 4 个类相互作用，共同完成程序的功能。

利用 AppWizard 向导，可以方便地生成各种 Windows 应用程序，并为程序添加滚动功能、分割功能、工具栏和状态栏。AppWizard 为应用程序添加的代码实现了程序的基本功能，在生成的应用程序的基础上，利用资源编辑器，以可视化的方式创建菜单、对话框等常见 Windows 用户界面。利用 ClassWizard 向导，为字符消息、鼠标消息和菜单消息等建立消息映射和相应的处理函数。在自动生成的应用程序中添加相应的代码，实现应用程序的功能。

多文档应用程序由应用程序类、主框架窗口类、文档类、子窗口类和视图类构成。主框架窗口类由 CMDIFrameWnd 类派生，子窗口由 CMDIChildFrame 类派生。多文档应用程序可以打开多个子窗口，视图窗口不再依赖于主框架窗口，而是包含在子窗口中。多文档应用程序支持多种文件类型，相应地，应用程序中会出现多个文档类、子窗口类和视图类。多文档应用程序也支持多菜单，根据不同的文件类型，显示不同的菜单。

13.4 习题

1. 什么是文档模板？
2. 文档类、文档模板类和视图类的结构是如何定义的？

3. 在 MFC 中,构成多文档应用程序的类有哪些? 它们的功能是什么?

4. 多文档应用程序中的多种文件类型和多菜单是怎样实现的?

实验　设置字形和颜色应用程序设计

一、实验目的

学习利用 AppWizard 向导开发文档/视图结构应用程序的过程。

二、实验内容

DlgDemo 应用程序有一个"格式"菜单,选择其中的"字体"菜单项将弹出一个对话框,用于选择字形和字符颜色。程序设计步骤如下。

(1) 设计对话框界面。

将表 13-3 所示的控件加入 DlgDemo 的对话框中,对话框中的控件布局如图 13-7 所示,对话框的 Caption 设为"字体"。

表 13-3　控件属性设置

ID	控件类型	要设置的值	ID	控件类型	要设置的值
IDC_STATIC	组框	Caption：字形			Caption：红色
IDC_BOLD	复选框	Caption：加粗	IDC_RED	单选按钮	Group
		Group			Tab Stop
		Tab Stop	IDC_BLUE	单选按钮	Caption：蓝色
IDC_ITALIC	复选框	Caption：斜体	IDC_GREEN	单选按钮	Caption：绿色
IDC_UNDERLINE	复选框	Caption：下画线	IDC_SAMPLE	组框	Caption：预览
IDC_STATIC	组框	Caption：颜色			

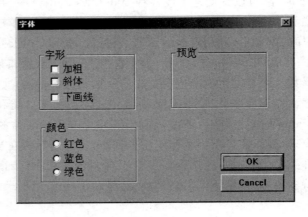

图 13-7　生成的对话框窗口

(2) 定义对话框类和数据成员。

为新建的对话框类取名为 Format,按表 13-4 定义数据成员。

表 13-4 数据成员设置

Control ID：	Member ariable	Category	Variable type
IDC_RED	m_Color	Value	Int
IDC_BOLD	m_Bold	Value	BOOL
IDC_ITALIC	m_Italic	Value	BOOL
IDC_UNDERLINE	m_Underline	Value	BOOL

（3）定义消息处理。

对话框提供了预览功能，预览区域是对话框窗口中的一块矩形区域，显示用户选择的字体和颜色的效果。程序通过处理控件产生的消息，随时获取用户的选择。通过处理对话框窗口的 WM_PAINT 消息，在预览区域输出字体效果。

在 Format 类中添加 RECT 类型数据成员 m_RectSample，保存预览区域坐标。

```
class Format:public CDialog
{
protected:
    RECT m_RectSample;
    //…
}
```

为 Format 类添加 OnInitDialog（）成员函数，OnInitDialog（）响应 WM_INITDIALOG 消息。在 OnInitDialog（）中添加保存预览区域坐标的代码。

```
BOOL Format::OnInitDialog()
{
    CDialog::OnInitDialog();
    //TODO: Add extra initialization here
    //保存预览区域坐标
    GetDlgItem(IDC_SAMPLE) - > GetWindowRect(&m_RectSample);
    ScreenToClient(&m_RectSample);
    return TRUE;  //return TRUE unless you set the focus to a control
                  //EXCEPTION: OCX Property Pages should return FALSE
}
```

Dialog 类的成员函数 GetDlgItem（）返回指向对话框中控件的指针。GetWindowRect（）和ScreenToClient（）函数从 CWnd 类继承而来。程序将对话框中的静态文本控件作为预览区域，通过 GetWindowRect（）函数取得其坐标，然后通过 ScreenToClient（）函数将窗口坐标转换为客户区坐标。

通过 ClassWizard，为 Format 类添加 OnPaint（）函数。OnPaint（）函数响应 WM_PAINT 消息，当窗口首次生成、大小改变、另一个窗口遮盖后重现时，将产生 WM_PAINT 消息。重新定义 OnPaint（）函数如下：

```
void Format::OnPaint()
{
    CPaintDC dc(this);                     //device context for painting
    //TODO: Add your message handler code here
    int x,y;                               //示例文本输出位置
```

```
CFont font,tempfont;
LOGFONT lf;
                                          //根据用户选择,设定字体
tempfont.CreateStockObject(SYSTEM_FIXED_FONT);
tempfont.GetObject(sizeof(LOGFONT),&lf);
if(m_italic)
    lf.lfItalic = 1;
if(m_bold)
    lf.lfWeight = FW_BOLD;
if(m_underline)
    lf.lfUnderline = 1;
//根据用户的选择,设定字体颜色
switch(m_color)
{
case 1:
    dc.SetTextColor(RGB(255,0,0));
    break;
case 2:
    dc.SetTextColor(RGB(0,0,255));
    break;
case 3:
    dc.SetTextColor(RGB(0,255,0));
}
font.CreateFontIndirect(&lf);
dc.SelectObject(&font);
x = m_RectSample.left + 35;
y = m_RectSample.top + 35;
dc.SetBkMode(TRANSPARENT);
dc.TextOut(x,y,"xmnUHmn");
//Do not call CDialog::OnPaint() for painting messages
}
```

MFC 的 CFont 类实现了对 Windows 的字体功能的封装,并提供操作字体的成员函数。LOGFONT 是 Windows 定义的一个结构,代表逻辑字体,结构中每个域代表一个字体特征。CFont 类的成员函数 CreateFontIndirect()将以逻辑字体为依据,根据系统提供的实际字体,创建一种最符合逻辑字体特征的实际字体。通过 CDC 类的成员函数 SelectObject()将这种字体选进设备环境。CDC 类的 SetTextColor()函数设置字体的颜色,RGB 宏中的三个参数分别代表红、绿和蓝三色。

利用 ClassWizard 向导,在对话框类中为控件标识符为 IDC_BOLD、IDC_ITALIC、IDC_UNDERLINE、IDC_RED、IDC_BLUE 和 IDC_GREEN 的控件分别建立响应 BN_CLICKED 消息的处理函数。各消息处理函数代码如下:

```
void Format::OnGreen()
{
    //TODO: Add your control notification handler code here
    if(IsDlgButtonChecked(IDC_GREEN))
    {
        m_color = 3;                          //用户选择绿色
        //刷新预览区域,显示效果
```

```
            InvalidateRect(&m_RectSample);
            UpdateWindow();
        }
}
void Format::OnItalic()
{
        //TODO: Add your control notification handler code here
        m_italic = !m_italic;                    //用户是否选择斜体
        //刷新预览区域,显示效果
        InvalidateRect(&m_RectSample);
        UpdateWindow();
}
void Format::OnRed()
{
        //TODO: Add your control notification handler code here
        if(IsDlgButtonChecked(IDC_RED))
        {
            m_color = 1;                          //用户选择红色
            //刷新预览区域,显示效果
            InvalidateRect(&m_RectSample);
            UpdateWindow();
        }
}
void Format::OnUnderline()
{
        //TODO: Add your control notification handler code here
        m_underline = !m_underline;              //用户是否选择下画线
        //刷新预览区域,显示效果
        InvalidateRect(&m_RectSample);
        UpdateWindow()
}
void Format::OnBlue()
{
        //TODO: Add your control notification handler code here
        if(IsDlgButtonChecked(IDC_BLUE))
        {
            m_color = 2;                          //用户选择绿色
            //刷新预览区域,显示效果
            InvalidateRect(&m_RectSample);
            UpdateWindow();
        }
}
void Format::OnBold()
{
        //TODO: Add your control notification handler code here
        m_bold = !m_bold;                         //用户是否选择加粗
        //刷新预览区域,显示效果
        InvalidateRect(&m_RectSample);
        UpdateWindow();
}
```

InvalidateRect()函数设置窗口的无效矩形区域,显式地产生 WM_PAINT 消息。无效矩形指的是客户区中的一个区域,当产生 WM_PAINT 消息时,无效矩形将被重绘。UpdateWindow()函数更新客户区,产生的 WM_PAINT 消息绕过应用程序消息队列直接发送,提高重绘的速度。这两个函数是从 CWnd 类继承而来的。

（4）定义菜单。

修改应用程序生成的默认菜单,生成的"格式"菜单如图 13-8 所示,"格式"菜单属性设置如表 13-5 所示。

图 13-8　生成的"格式"菜单

表 13-5　"格式"菜单属性设置

ID	Caption	ID	Caption
无	格式	ID_FORMAT	字体…

（5）在文档类中添加保存对话框返回信息的数据成员。

```
class CDlgDemoDoc:public CDocument
{
public:
    BOOL m_bold,m_italic,m_underline;      //用户所选的字形
    int m_color;                           //用户所选颜色,1 为红色,2 为蓝色,3 为绿色
    //…
    }
```

初始化数据成员如下：

```
CDlgDemoDoc::CDlgDemoDoc()
{
    //TODO: add one-time construction code here
    //设定初始状态
    m_bold = false;
    m_italic = false;
    m_underline = false;
    m_color = -1;
}
```

（6）对话框的显示。

在 CDlgDemoDoc.cpp 中加入头文件 Format.h,在文档类中加入菜单消息处理函数 OnFormat(),实现对话框的显示。代码如下：

```
void CDlgDemoDoc::OnFormat()
{
    //TODO: Add your command handler code here
    Format dlg;
    //设置控件的初始状态
    dlg.m_bold = m_bold;
```

```
        dlg.m_italic = m_italic;
        dlg.m_underline = m_underline;
        dlg.m_color = m_color;
        //显示对话框,并取得用户的选择
        if(dlg.DoModal() == IDOK)
        {
            m_bold = dlg.m_bold;
            m_underline = dlg.m_underline;
            m_italic = dlg.m_italic;
            m_color = dlg.m_color;
            UpdateAllViews(NULL);                    //强制刷新所有视图
        }
}
```

（7）修改视图类的 OnDraw() 函数。

修改视图类的 OnDraw() 函数的代码如下：

```
//在 OnDraw() 函数中,按用户的选择输出文本
void CDlgDemoView::OnDraw(CDC? pDC)
{
    CDlgDemoDoc? pDoc = GetDocument();
    ASSERT_VALID(pDoc);
    //TODO: add draw code for native data here
    CFont font,tempfont;
    LOGFONT lf;
    tempfont.CreateStockObject(SYSTEM_FIXED_FONT);
    tempfont.GetObject(sizeof(LOGFONT),&lf);
    if(pDoc -> m_italic)
        lf.lfItalic = 1;
    if(pDoc -> m_bold)
        lf.lfWeight = FW_BOLD;
    if(pDoc -> m_underline)
        lf.lfUnderline = 1;
    font.CreateFontIndirect(&lf);
        switch(pDoc -> m_color)
    {
    case 0:
        pDC -> SetTextColor(RGB(255,0,0));
        break;
    case 1:
        pDC -> SetTextColor(RGB(0,0,255));
        break;
    case 2:
        pDC -> SetTextColor(RGB(0,255,0));
    }
    pDC -> SelectObject(&font);
    pDC -> TextOut(10,10,"Hello World");
}
```

三、实验要求

1. 按照步骤实现程序设计,总结经验和体会。
2. 完成实验报告和上交程序。

第14章
对话式应用程序设计

单文档和多文档 Windows 应用程序的特点是包含一个用于显示文本和图形的区域,该区域同时也用于和用户的交互。这种程序模型适用于文字处理、报表和绘图程序。对话式应用程序是以控件(如编辑框、按钮等)作为和用户交互的手段。用户通过对控件的操作,为应用程序提供必要的信息,选择应用程序的功能。应用程序通过对控件消息的响应,完成和用户的交互。对话式应用程序主要用于收集、显示离散信息,应用范围包括数据输入程序、文件查找程序、计算器和磁盘工具等。对话式应用程序可分为两类:对话框应用程序和基于表单的应用程序。基于表单的应用程序既可以属于单文档应用程序,也可以属于多文档应用程序。它们都以控件作为和用户交互的手段,所以统称为对话式应用程序。本章主要介绍这两种应用程序。

14.1 对话框应用程序

对话框是窗口的特例。对话框应用程序以对话框作为程序的主窗口,其中对话框也是由 CWnd 类派生的。它没有菜单、工具栏和状态栏等用户界面,不能处理文档。以对话框窗口中的控件作为和用户交互的手段,它的好处是速度快,代码少,为用户提供了一个比一般窗口更标准的数据处理方法。

14.1.1 创建对话框应用程序

利用 AppWizard 向导建立对话框应用程序 DialogDemo 的步骤如下。

(1) 在 Visual C++ 主菜单中打开 File 菜单,选择 New 菜单项,出现 New 对话框。

(2) 在 New 对话框中打开 Projects 选项卡,在项目清单中选择 MFC AppWizard(exe)选项,在 Project name 编辑框中输入 DialogDemo,单击 OK 按钮。

(3) 在 MFC AppWizard-Step 1 of 6 对话框中选择 Dialog based 项,单击 Next 按钮。

(4) 在 MFC AppWizard-Step 2 of 6 对话框中,取消选择 About Box 和 ActiveX Controls 项,其他选项保持不变,单击 Next 按钮。

(5) 在 MFC AppWizard-Step 3 of 6 对话框中,选择 As a statically linked library 项,其他选项保持不变,单击 Next 按钮。

(6) 在 MFC AppWizard-Step 4 of 6 对话框中无须做任何改变,单击 Finish 按钮,完成应用程序的创建。

对于对话框应用程序,AppWizard 向导只生成两个类:应用程序类和对话框类。应用程序类管理程序整体,显示对话框。对于 DialogDemo,AppWizard 向导创建的应用程序类为 CDialogDemoApp,从 CWinApp 类派生而来。类定义在文件 DialogDemoApp. h 中,类的实现在文件 DialogDemoApp. cpp 中。对话框类负责管理对话框以及对话框中的控件,从 CDialog 类派生而来。对于 DialogDemo,AppWizard 向导创建的应用程序类为 CDialogDemoDlg,类定义在文件 DialogDemoDlg. h 中,类的实现在文件 DialogDemoDlg. cpp 中。

AppWizard 向导生成的对话框界面只有两个按钮:OK 和 Cancel。这两个按钮具有标识符 IDOK 和 IDCANCEL,MFC 为它们提供默认的处理。应用程序设计的第一步是界面设计,根据应用程序的功能,添加应用程序所需的控件,设置控件在对话框中的布局。第二步是消息处理设计。和文档/视图结构下的对话框不一样,对话框应用程序中的对话框不是把用户的输入信息返回,而是根据用户对控件的操作,做出相应的处理。消息处理设计就是根据应用程序的功能,确定需要处理的控件消息,通过 ClassWizard 向导,添加相应的数据成员和消息处理函数。

14.1.2 应用示例

下面以 DialogDemo 程序说明对话框应用程序的设计。

例 14-1 示例对话框应用程序。DialogDemo 是一个调色板程序,用户通过选择不同的原色,得到需要的颜色效果。DialogDemo 程序界面如图 14-1 所示。

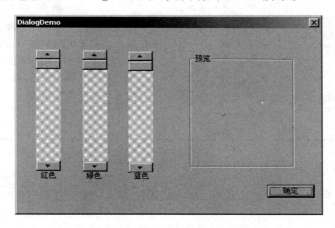

图 14-1 DialogDemo 程序界面

首先设计对话框界面,打开对话框编辑器,修改标识符为 IDD_DIALOGDEMO_DIALOG 的对话框,按表 14-1 添加如图 14-1 所示的控件。

表 14-1 控件属性设置

ID	控 件 类 型	设置的属性
IDC_SCROLLBAR_RED	垂直滚动条	
IDC_SCROLLBAR_GREEN	垂直滚动条	
IDC_SCROLLBAR_BLUE	垂直滚动条	
IDC_STATIC	静态文本	Caption:红色

ID	控 件 类 型	设置的属性
IDC_STATIC	静态文本	Caption：绿色
IDC_STATIC	静态文本	Caption：蓝色
IDC_SAMPLE	组框	Caption：预览

完成界面设计后，进行消息处理设计。程序界面中有三个滚动条，分别代表三种原色，用户通对滚动条选择不同的颜色效果。滚动条控件产生滚动消息，对于垂直滚动条，该消息是 WM_VSCROLL，它被发送到滚动条的父窗口，也就是对话框窗口。因此，通过 ClassWizard 向导，在对话框类 CDialogDemoDlg 中建立滚动消息的处理函数 OnVScroll()。函数定义如下：

```
OnVScroll(UINT nSBCode,UINT nPos,CScrollBar * pScrollBar)
```

其中，nSBCode 参数代表了用户的操作，Windows 定义了相应的常量代表这些操作。表 14-2 列出其中部分常量以及相应的用户操作。nPos 参数代表用户进行拖动操作时滑块的位置。pScrollBar 参数代表产生滚动消息的滚动条。程序中的三个滚动条都产生相同的 WM_VSCROLL 消息，在消息处理函数中，利用这个参数来判断是哪个滚动条产生的滚动消息。

表 14-2　部分常量及相应的用户操作

nSBCode	意　　义	鼠 标 操 作
SB_LINEUP	向上滚动一行	单击滚动条上端的滚动标志
SB_LINEDOWN	向下滚动一行	单击滚动条下端的滚动标志
SB_PAGEUP	向上滚动一页	单击了滚动条中间的部分（滑块上方）
SB_PAGEDOWN	向下滚动一页	单击了滚动条中间的部分（滑块下方）
SB_THUMBTRACK	拖动	拖动滑块到特定位置
SB_TOP	滑块在顶部	
SB_BOTTOM	滑块在底部	

程序中的 OnVScroll() 函数代码如下：

```
void CDialogDemoDlg::OnVScroll(UINT nSBCode, UINT nPos, CScrollBar * pScrollBar)
{
    //TODO: Add your message handler code here and/or call default
    int i;
    //判断哪个滚动条产生的消息,0 为红色滚动条,1 为绿色滚动条,2 为蓝色滚动条
    if(pScrollBar == GetDlgItem(IDC_SCROLLBAR_RED))
        i = 0;
    if(pScrollBar == GetDlgItem(IDC_SCROLLBAR_GREEN))
        i = 1;
    if(pScrollBar == GetDlgItem(IDC_SCROLLBAR_BLUE))
        i = 2;
    switch(nSBCode)
    {
    case SB_LINEDOWN:
        pos[i]++;                            //向下滚动,色彩数值加 1
```

```
        break;
    case SB_PAGEDOWN:
        pos[i] += 10;                              //向上翻页,色彩数值加 10
        break;
    case SB_LINEUP:
        pos[i] -- ;                                //向下滚动,色彩数值减 1
        break;
    case SB_PAGEUP:
        pos[i] -= 10;                              //向下翻页,色彩数值减 10
        break;
    case SB_THUMBTRACK:
        pos[i] = (int)nPos;                        //拖动滑块,色彩数值等于滑块位置
        break;
    case SB_BOTTOM:
        pos[i] = 255;                              //滑块到底,色彩数值等于 255
        break;
    case SB_TOP:
        pos[i] = 0;                                //滑块到顶,色彩数值等于 0
        break;
    }
    //确保色彩数值为 0~255
    if(pos[i]< 0)
        pos[i] = 0;
    if(pos[i]> 255)
        pos[i] = 255;
    pScrollBar -> SetScrollPos(pos[i]);            //设置滑块位置
    InvalidateRect(&m_RectSample);                 //显示色彩效果
    UpdateWindow();
    CDialog::OnVScroll(nSBCode,nPos,nScrollBar);
}
```

在对话框类中添加如下数据成员:

```
class CDialogDemoDlg: public CDialog
{
public:
    int pos[3];                                    //分别保存三个滚动条的滑块位置
    RECT m_RectSample;                             //保存预览区域坐标
    //…
```

在 OnInitDialog()函数中初始化 m_RectSample,并设定滚动条滑块的初始位置以及滚动范围。OnInitDialog()函数代码如下:

```
BOOL CDialogDemoDlg::OnInitDialog()
{
    //…
    //TODO:Add extra initialization here
    CScrollBar * pScroll;
    //设定滚动条滑块的滑动范围和初始位置
    pScroll = (CScrollBar * )GetDlgItem(IDC_SCROLLBAR_RED);
    pScroll -> SetScrollRange(0,255);
```

```
            pScroll - > SetScrollPos(255);
            pScroll = (CScrollBar * )GetDlgItem(IDC_SCROLLBAR_GREEN);
            pScroll - > SetScrollRange(0,255);
            pScroll - > SetScrollPos(255);
            pScroll = (CScrollBar * )GetDlgItem(IDC_SCROLLBAR_BLUE);
            pScroll - > SetScrollRange(0,255);
            pScroll - > SetScrollPos(255);
            for(int i = 0; i < 3; i++)
                pos[i] = 255;
            //保存预览区域坐标
            GetDlgItem(IDC_SAMPLE) - > GetWindowRect(&m_RectSample);
            ScreenToClient(&m_RectSample);
            m_RectSample.top += 20;
            m_RectSample.left += 10;
            m_RectSample.right -= 10;
            m_RectSample.bottom -= 10;
            //…
        }
```

最后,修改对话框类中的 OnPaint()函数,添加预览功能。

```
//…
if(IsIconic())
    {
        //…
        int y = (rect.Height() - cyIcon + 1)/2;
        //Draw the icon
        dc.DrawIcon(x, y, m_hIcon);
    }
else
    {
        CBrush Brush(RGB(pos[0],pos[1],pos[2]));    //设定画笔颜色
        CPaintDC dc(this);
        dc.FillRect(&m_RectSample,&Brush);          //使用画笔颜色填充预览区域
        CDialog::OnPaint();
    }
```

14.2 基于表单的应用程序

　　表单(form)是一个窗口,但不用于数据的输出,而是作为一个容纳控件的容器。表单是主框架窗口的子窗口,放置在主框架窗口的客户区中。基于表单的应用程序也使用文档/视图结构,有一个主窗口,可以含有菜单、工具栏和状态栏等用户界面,也有一个视图窗口,但其视图类是由 CFormView 类派生的,主要用于显示一组控件,而不是作为和用户交互的空白客户区。

14.2.1 创建基于表单的应用程序

　　利用 AppWizard 向导生成基于表单的应用程序过程与生成文档/视图结构的应用程序基本一致,只是在 MFC AppWizard-Step 6 of 6 对话框中,视图类的基类应该选择 CFormView。

最后生成的类也是四个：应用程序类、主框架窗口类、文档类和视图类。如果在 MFC AppWizard-Step 1 of 6 对话框中选择了多文档应用程序,则应用程序可以产生多个表单;如果选择了单文档应用程序,那么应用程序只能有一个表单。

基于表单的应用程序的设计主要包括三个方面：表单中的控件布局设计、菜单设计和消息处理设计。需要处理的消息主要是菜单消息和控件消息。可以在生成的任何一个类中处理菜单消息,控件消息一般由表单对象来处理。

14.2.2 应用示例

下面以一个数制转换的计算器程序说明基于表单的应用程序。

例 14-2 示例基于表单的应用程序。按单文档应用程序建立的方法创建 FormDemo 程序,只是在 MFC AppWizard-Step 6 of 6 对话框中把视图类的基类改为 CFormView。

打开对话框编辑器,修改标识符为 IDD_FORMDEMO_FORM 的对话框,按表 14-3 创建如图 14-2 所示的对话框界面。

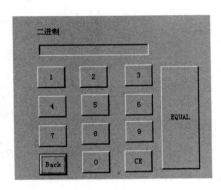

图 14-2 示例程序界面

表 14-3 控件属性设置

ID	控件类型	设置的值	ID	控件类型	设置的值
IDC_1	按钮	Caption：1	IDC_9	按钮	Caption：9
IDC_2	按钮	Caption：2	IDC_0	按钮	Caption：0
IDC_3	按钮	Caption：3	IDC_BACK	按钮	Caption：Back
IDC_4	按钮	Caption：4	IDC_CE	按钮	Caption：CE
IDC_5	按钮	Caption：5	IDC_EQUAL	按钮	Caption：EQUAL
IDC_6	按钮	Caption：6	IDC_DISPLAY	编辑框	Disable
IDC_7	按钮	Caption：7	IDC_PROMPT	静态文本	Caption：二进制
IDC_8	按钮	Caption：8			

按表 14-4 的定义生成的"进制"菜单如图 14-3 所示,可选择不同的进制转换功能。

表 14-4 加入"进制"菜单的项目属性

ID	Caption
	进制(&F)
ID_BINARY	二进制
ID_HEX	十六进制

图 14-3 生成的"进制"菜单

在视图类.cpp 文件中定义全局变量 m_radix，m_radix 保存各个进制的基数。

```
char m_radix[16] =
{'0','1','2','3','4','5','6','7','8','9','A','B','C','D','E','F'}
```

利用 ClassWizard 向导，在视图类 CFormDemoView 中为编辑框 IDC_DISPLAY 定义数据成员 m_number，为静态文本 IDC_PROMPT 定义数据成员 m_prompt。手动添加如下变量：

```
class CFormDemoView:public CFormView
{
public:
    int m_base,m_length;
    //…
}
```

在构造函数中初始化如下：

```
CFormDemoView::CFormDemoView():CFormView(CFormDemoView::IDD)
{
    //…
    //TODO: add construction code here
    m_base = 2;                        //默认为二进制转换
    m_length = 0;                      //编辑框中的内容长度为0
    m_number = "";                     //编辑框变量串初始化为空
    m_prompt = "二进制";              //提示信息
}
```

利用 ClassWizard 向导，在视图类 CFormDemoView 中建立菜单消息处理函数。处理函数代码如下：

```
void CFormDemoView::OnHex()
{
    //TODO: Add your command handler code here
    //选择十六进制转换
    m_base = 16;
    m_prompt = "十六进制";
    UpdateData(FALSE);                 //将变量中的内容转送到对应控件
}
void CFormDemoView::OnBinary()
{
    //TODO: Add your command handler code here
    //选择二进制转换
    m_base = 2;
    m_prompt = "二进制";
    UpdateData(FALSE);                 //将变量中的内容转送到对应的控件
}
```

对于放置在表单中的控件，其控件消息由表单处理比较合适。利用 ClassWizard 向导，在视图类 CFormDemoView 中建立控件标识符为 IDC_0～IDC_9、IDC_EQUAL、IDC_BACK 和 IDC_CE 的 BN_CLICKED 消息处理函数。控件标识符 IDC1～IDC9 的处理函数代码基本相同,下面只列出其中一个。

```
void CFormDemoView::On1()
{
    //TODO: Add your control notification handler code here
    //当用户单击标识符为 IDC_1 的按钮
    m_number.Insert(m_length,"1");              //将 1 插入变量 m_number 中
    m_length++;                                 //m_number 变量的长度加 1
    UpdateData(FALSE);                          //将变量 m_number 的内容转送到编辑框
}


void CFormDemoView::OnEqual()
{
    //TODO: Add your control notification handler code here
    //当用户单击标识符为 IDC_EQUAL 的按钮
    CString s;
    int pos = 0;
    long j, number = 0;
    if(m_length == 0)
        return;
    UpdateData();                               //取得编辑框中用户的输入
    number = atoi(m_number);                    //转换到数值类型
    //进制转换
    j = number % m_base;
    while((number = number/m_base)!= 0)
    {
        s.Insert(pos,m_radix[j]);
        pos++;
        j = number % m_base;
    }
    s.Insert(pos,m_radix[j]);
    s.MakeReverse();                            //调整转换后的结果
    SetDlgItemText(IDC_DISPLAY,s);              //将结果输出到编辑框
    m_length = 0;                               //重新初始化
    m_number = "";
}
void CFormDemoView::OnBack()
{
    //TODO: Add your control notification handler code here
    //当用户单击标识符为 IDC_BACK 的按钮
    if(m_length!= 0)
    {
        UpdateData();                           //将编辑框中的内容传送到变量
        m_number.Delete(m_number.GetLength() - 1);
                                                //将最后一个输入数字从对话框中删除
        UpdateData(FALSE);                      //变量的内容转送到编辑框
    }
}
void CFormDemoView::OnCe()
{
    //TODO: Add your control notification handler code here
```

```
//当用户单击标识符为 IDC_CE 的按钮
//清除编辑框中的内容
m_number = "";
UpdateData(FALSE);
}
```

14.3　本章小结

对话式应用程序主要以控件作为和用户交互的手段，包括对话框应用程序和基于表单的应用程序。对话框应用程序只生成应用程序类和对话框类，对话框用于容纳控件，没有菜单等用户界面。基于表单的应用程序虽然也使用文档/视图结构，也有主框架窗口菜单，但视图类由 CFormView 类派生而来，并且表单是作为控件的容器，而不是用于输入输出的客户区。这两种应用程序的设计都分成两步：控件界面设计和控件消息设计。

14.4　习题

1. 基于表单的应用程序的特点是什么？
2. 修改 14.2.2 节中的示例程序，设计一个能计算加、减法的计算器。

参 考 文 献

[1]　钱能. C++程序设计教程[M]. 2 版. 北京：清华大学出版社,2005.
[2]　郑莉,董渊. C++语言程序设计[M]. 4 版. 北京：清华大学出版社,2011.
[3]　杨庚,等. 面向对象程序设计与 C++语言[M]. 北京：人民邮电出版社,2002.
[4]　陈维兴,等. C++面向对象程序设计教程[M]. 北京：清华大学出版社,2000.
[5]　马建红,等. Visual C++程序设计与软件技术基础[M]. 北京：中国水利水电出版社,2002.
[6]　刘路放. Visual C++与面向对象程序设计教程[M]. 北京：高等教育出版社,2002.
[7]　张松梅. C++语言教程[M]. 成都：电子科技大学出版社,1993.
[8]　谭浩强. C 程序设计[M]. 2 版. 北京：清华大学出版社,1999.
[9]　Jamsa K,Klander L. C/C++程序员使用大全——C/C++最佳编程指南[M]. 张春晖,刘大庆,等译.
　　　北京：中国水利水电出版社,1999.
[10]　Lippman S B,Lajoie J. C++Primer 中文版[M]. 3 版. 潘爱民,等译. 北京：中国电力出版社,2002.
[11]　宛廷阍. C++语言和面向对象程序设计[M]. 2 版. 北京：清华大学出版社,1998.
[12]　Young M J. Visual C++6 从入门到精通[M]. 邱仲潘,等译. 北京：电子工业出版社,1999.
[13]　郑阿齐. Visual C++实用教程[M]. 2 版. 北京：电子工业出版社,2003.
[14]　Lernecker R C,Archer T. Visual C++Bible 中文版[M]. 张艳,等译. 北京：电子工业出版社,1999.
[15]　黄维通. Visual C++面向对象与可视化程序设计[M]. 北京：清华大学出版社,2000.
[16]　Stroustrup B. C++程序设计语言(特别版)[M]. 裘宗燕,译. 北京：机械工业出版社,2002.
[17]　Savitch W. Problem Solving with C++：The Object of Programming[M]. 4 版. 周靖,译. 北京：清
　　　华大学出版社,2003.
[18]　甘玲. 解析 C++面向对象程序设计[M]. 北京：清华大学出版社,2008.
[19]　曲维光,姚望舒. C++面向对象程序设计[M]. 北京：科学出版社,2016.
[20]　明日学院. Visual C++从入门到精通(项目案例版)[M]. 北京：中国水利水电出版社,2017.

图 书 资 源 支 持

感谢您一直以来对清华版图书的支持和爱护。为了配合本书的使用,本书提供配套的资源,有需求的读者请扫描下方的"书圈"微信公众号二维码,在图书专区下载,也可以拨打电话或发送电子邮件咨询。

如果您在使用本书的过程中遇到了什么问题,或者有相关图书出版计划,也请您发邮件告诉我们,以便我们更好地为您服务。

我们的联系方式:

地　　址:北京市海淀区双清路学研大厦 A 座 701

邮　　编:100084

电　　话:010－62770175－4608

资源下载:http://www.tup.com.cn

客服邮箱:tupjsj@vip.163.com

QQ:2301891038(请写明您的单位和姓名)

资源下载、样书申请

书圈

扫一扫,获取最新目录

用微信扫一扫右边的二维码,即可关注清华大学出版社公众号"书圈"。